小花园设计

[德] 海格 · 格奥普 / 著 ● 杨书宏 / 译

長江出版傳媒 湖北科学技术出版社

目 录

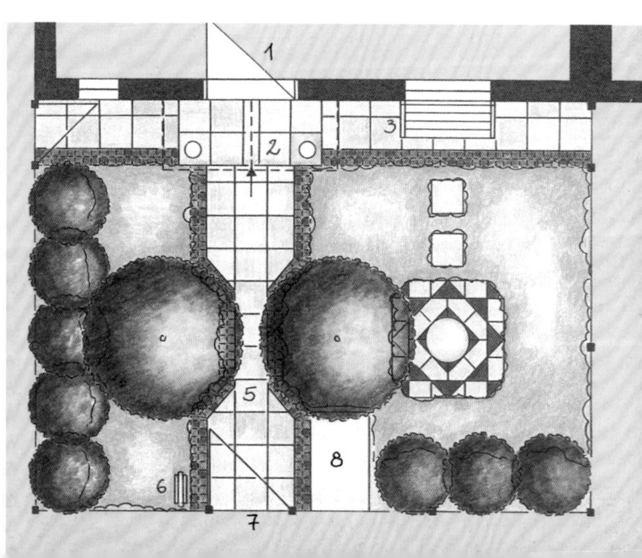
1
2
3
5
6
7
8

如何设计花园？

每个园艺爱好者心中都有一个属于自己的梦想花园——设计完美，比例协调，种植美观，布置有品位。要实现这种梦想花园，不一定要有大片土地。因为花园的美丽与否完全与面积无关，即使狭小的空间，只要在设计方面给予足够的考量，也可以创造出真正的特色花园。

一个成功的花园设计必定是一个和谐的整体，它包括了各种因素的综合考虑和精心规划，如此才能避免"模铸式"花园的雷区。当然，将花园设计和施工委托给专业园艺公司是个非常省心的选择，但这种方式往往会限制园艺爱好者自身理念的表达或自我特点的表现。然而自己动手需要耗费大量时间和精力，大到土木工程，小到材料选择都要亲力亲为，对于很多园艺爱好者来说比较不现实。本书即可很好地解决这一矛盾，帮助园艺爱好者从这些耗时烦琐的工作中解脱出来。书中汇集了各种设计理念，以及花园设计实例，帮助你快速轻松地找到适合自己的花园风格，激发创作灵感。

花园规划原则

◎方向核准。所有的平面设计图中露台和花园都应位于房屋的南侧。

◎设计图。制作设计图是为了展示整体效果，呈现的是理想环境下的植物状态。开花植物颜色及形状的描述是为了更好地展现表达效果，与现实中植物的生长状况可能不完全一致。

◎植物选择建议。书中介绍的植物是建议种植植物。实施过程中应当根据自己花园的实际情况而定。这里首先需要强调的是花园整体设计和区域划分，其次才是植物的单独规划。推荐植物只有在与给定的场地环境相适宜时才有意义。请认真考量自家花园的实际情况，因地制宜。

1 花园功能

不同的人对花园的要求不同，根据不同要求设计出的花园差异很大。所以在设计花园时要有最基本的切入点：你对花园的期望是什么？你想从中得到什么？它又能满足你的什么需求？

一个有小朋友的家庭和一个单身园艺爱好者对花园的要求完全不同：前者关心的是如何扩张出更大的空间给孩子们做游戏，后者更倾向于给各种稀有植物足够的地方，并投入大量的时间进行维护。一个繁忙的花园主人在结束一天紧张的工作之后，只希望拥有一个能让自己放松休息的地方，根本无法胜任高强度的花园维护工作，一个低维护的花园设计对他来说就最合适。你想给花园配备哪些设施？一个造型新颖的喷泉？一个荷叶连连的池塘？一个可以畅游的泳池？抑或一个浪漫的月季花架，一把绿荫下的躺椅，一个和亲朋好友畅谈的大露台，一个供孩子们嬉戏打闹的游戏区？只有当这些问题都有了答案，并且对相关因素都有综合考虑，才可以进行下一步规划。

2 整体布局

花园的设计方法通常有三种。第一种是规整式的，也就是说空间和土地划分遵从几何形式，有一个或多个对称轴。第二种是自由式的，侧重于自然的弧形曲线分割。需要注意的是，这里的“自由”并非随心所欲。第三种是规整式和自由式的混合设计。比如将大的空间区域划分成多个独立空间，再赋予各个空间不同的设计风格；或者以非轴对称的几何方法划分区域。小型花园往往通过规整设计明确区域划分以达到最佳效果。无论你偏好哪种风格，要谨记一条原则：规划一定要针对整个花园的布局，这是一个设计方案成功的关键！一开始只设计花园的某个部分，等以后有时间再处理其余部分的做法，会导致一连串松散无序的元素相互之间毫无关联的独立存在，令整体视觉效果大打折扣。

完整的花园规划应当包括所有的期望和需求，即使某些部分不能立即实施完成，比如休息亭台或游泳池等投入较大的设施，其在花园中的位置设定和周围布局也一定要列入计划并协调好。

3 空间划分

花园中的空间分隔可以利用一些垂直元素来完成，比如低矮的树篱、小灌木，成排的月季、多年生植物种植区，甚至成排的盆栽都可以拿来一用。

设计时既可将整个花园视为一个空间，也可以细分为不同特色的区域。前者(整个空间)更适合小型花园或庭院——面积较小不适合进一步细分，或者规整花园——建筑元素和几何对称结构与开放式的整体空间设计更匹配。后者(细分空间)凭借细分的独立空间增加了视觉上的吸引力，假如在露台上无法俯视整个花园美景，反而会激起人们一探究竟的兴趣。划分隔离出的各个空间区域就像一个个不同的房间，任人自由地穿梭其中。同时也为多样化设计方案提供了可能性：可以在某个区域做规整的对称设计，而在另一个区域空间自由发挥；还可以在个别的“花园房间”尝试不同类型的植物或配色。

花园中的曲线给人一种随意而自然的感觉。

花园与外界的分界线至关重要。一般来讲，坐落于郊区的大花园经常会采用开放式设计。通过栅栏或宽间距的树篱，创建一个可以观赏外部景观的“窗口”，将周围环境纳入花园背景设计的规划。而在高度城市化的地区或密集居住区的人们更喜欢将花园打造成私人区域或与外界隔绝的空间，使其成为结束一天紧张工作后用来修复自我、放飞自我的“绿岛”。

一个方方面面考虑周全的花园隔离墙不仅能挡风，隔绝外界窥探，还易于维护，具有美感。借此可创造出无论是朝阳面还是背阴面都能满足植物生长需求的小气候环境。

适用于攀缘植物的格架墙对小型花园非常友好：占用空间少，有多种材料、颜色和建造方式可供选择。只要选对搭配植物，用于隔离效果出奇地漂亮。

规整的花园设计因清晰的线条、和谐的比例令人赞叹。

4 植物种植

花园中的植物种植规划是设计的重中之重：最佳方案是先通过区域划分构建一个外部框架，再使用植物、花园构筑物进行内部填充。其中选择植物是关键，它决定了花园的设计是否成功，是否有吸引力。所以一定要提前全面考虑好花园功能、外部框架设计和植物种植规划。

只有精准了解花园的环境状况，才能种出生长茂盛的植物。这里的环境状况主要指光照条件、土壤(营养物质含量、pH值等)、水分以及外部气候因素(降雨量、风力和冬季平均温度等)。

在详细分析花园的环境状况后，就可以着手选择合适的植物种植啦。这时一定要谨记一条原则：所选的植物必须适合所种的位置，而不是反过来，位置将就植物。

阳光充足的花坛上盛开着鲜花。

缺少阳光的背阴处是大片点缀着粉色小花的绿色观叶植物。

举例来说，假如花园土质条件不适合杜鹃的生长，但为了满足自己对杜鹃的喜爱，采用各种方法用特殊基质取代原有土壤的尝试，往往很难成功，就算成功了，效果也差强人意。

所以一切要从花园自身条件出发，做到因地制宜，找到和花园环境相匹配的植物品种和相应的种植规划。

在没有确定“种什么”和“种多少”之前，不要急切地去苗圃或园艺中心随心所欲地寻找那些看起来视觉效果不错的植物。静下心来认真翻阅相关专业书籍或去苗圃、花园中心征询意见，了解到底哪些植物适合自己的花园，再行挑选，可以同时兼顾了解所选植物的养护需求。规划得再好的花园，没有持续的维护也是无法保持长久的。不同的植物所需投入的时间也不相同，比如，与地被植物和原生态的多年生植物相比，鲜艳娇嫩的月季和开花的多年生植物需要投入更多的时间和精力。

想拥有如此绚丽夺目的花海，必须提前规划，协调好各个植物群落的关系。

植物的种植规划应该提前定好并按照“由大到小”的原则予以实施：先种植乔木（花园面积较小时可以只种一株或干脆放弃），其次是大灌木，然后是小灌木（比如攀缘植物），最后是地被植物。种植顺序和植物重要与否完全无关。

挑选乔木和灌木时要考虑其完全长开后所能达到的高度和宽度，尽量选择能够保持较小体型的品种。空间有限的条件下，小树冠的乔木和大小适中的灌木是最佳选择。很多人认为，即使选了大型灌木也可以通过修剪控制，实际上这是一个非常普遍的错误认知：大多数木本植物只有在自然生长条件下才能够完全展示出自身的美丽，非专业的过度修剪只会抑制其生长，损害外观审美效果。任何事物的成长都须有足够的空间，植物也不例外，所以植物之间的种植距离不要太近。如果你缺乏耐心想尽快得到一个比较成型的花园，建议选择可独株生长的乔木或灌木。当然这种已长成的植物价格相对较高。

小树冠的唐棣特别适合混合种植。

精准测量开花多年生灌木及地被植物所需面积，进而确定所需植物数量。原则上填满花坛即可，植株之间不要离得太近。假如感觉不够丰富多样，可在初始一两年用夏季花卉或一二年生植物来补充。许多园丁认为花园中颜色越多越美，但对小花园来说颜色数量控制在3～4种为佳，而且颜色渐变在有限的空间里更容易达到和谐效果。

植物所表达的美是全方位多角度的，所以在挑选植物时，不能仅关注花的大小和颜色。植株外形的生长特点，叶子的颜色、质地，果实的形成，以及植物不同季节的变化等，都是花园中的一部分。

5 花园设施及材料选择

虽然花园建筑、家具、装饰品样式和材料质地的选择可按个人喜好而定，但下面几个原则还是要注意。

其一，不要让花园负荷过重，特别是应有意识地减少装饰物的使用，材料也尽量只选择有限的几种，避免过于繁缛而喧宾夺主。其二，优先挑选线条流畅的经典样式，不要将各种颜色、样式堆积在一起，易显杂乱无章。其三，尽量保持事物的真实性，不要将它伪装成其他东西，比如看起来像红陶罐的塑料花盆、木质外观的塑料座椅，以及利用后期建筑手段改造成“天然水景”的行为，反而暴露了“刻意的人工制造”。

无论是铺设砾石路、石板路还是木板路，抑或是花园家具的选择，建议多做几个替代方案，比如室外用木材不一定要进口的柚木或巴劳木(一种原产于东南亚的植物)，落叶松木或橡木质量也很好。

铺路使用的材料以天然石材最好，但成本造价也最高。若超出预算的话，可以使用最便宜的混凝土产品替代，而且有各种不同样式满足众多需求。

综上所述，花园设施及材料在精不在多，应以简代繁，以协调各个元素之间的关系为主，相互呼应。如此才不会破坏花园整体的美感，并起到画龙点睛的作用。

园艺爱好者喜欢使用具有个性的装饰品。

小型
独立花园

家庭式花园

这个花园设计兼顾了各个家庭成员的不同需求：露台使用亮色石板砖，斜对角线的铺设方法拓宽了视觉空间；长方形大餐桌是家庭聚餐和招待朋友的最佳地点；砖石砌成的烧烤架提高了露台的使用率；周围空地为最爱的盆栽提供了自由生长的空间。

儿童游戏区

穿过一道树形大门(柱状乔木长成形后修剪成门柱样式)，映入眼帘的是一片绿色草坪。朝南方向使用木格架作为视觉隔离：沿格架斜行分别为种植区和儿童玩耍的沙坑，沙坑四周以砖石砌边。当孩子长大不需要沙坑时，可以直接将其改建成一个小水景池：只需铺上防水的池塘隔膜衬垫，再放入水盆即可。夏季还可以在草坪上放个戏水盆，院内小树下是最惬意的乘凉处。喜欢秋千的，可以在两个格架墙之间(利用格架墙结实的地基)安装可随时拆卸的秋千——这是一款针对小花园的实用设计，能避免大型秋千架带来的沉重感。

充满绿意花香的露台是天气晴朗时家人的好去处。

沙坑四周盛开的鲜花营造出
唯美的游戏氛围。

安静的角落

穿过格架感觉进入了另一个世界：休息区一条木质长椅两侧是精心修剪成球形的绿植，正对长椅的是一个小鸟浴盆——当然如果家中有猫咪的话，最好用其他装饰品代替。

在这里你可以挑选一本自己喜欢的书，安静地享受阅读的乐趣，也可以动手打理花园。四周的灌木和多年生植物阻隔了外界窥探的目光，同时为休息区提供了良好的遮阴。草坪四周用砖石勾边，并环绕三角形种植区，或阳光充足，或半遮阴，是中小型灌木和多年生植物的最佳栖息地。三角形种植区、格架墙和较高的树木从空间上完美地区分出不同的植物群落：可以是月季区、一年生花卉区，抑或花期相同的灌木群落等。

一览表

◎花园面积：6m × 12m=72m^2

◎主要建筑元素：露台，烧烤台，木格架墙，草坪四周铺设砖石隔离，沙坑及沙坑配套设施，休息区，小鸟浴盆下方铺设的石板区。

◎维护：割草，树木造型修剪（每年1～2次），灌木丛修剪（每年3～4次），定期更换沙坑里的沙。

16
18
15
9
17
14
10
19
11
21
20
22
13
23
12

建筑元素

① 露台，地板砖铺面
② 烧烤台，砖石砌成
③ 格架墙式视觉隔离，刷白漆
④ 沙坑，四周砌砖
⑤ 木质长椅
⑥ 砖石隔离带
⑦ 小鸟浴盆
⑧ 木格架墙，覆盖攀缘植物

植物清单

⑨ 老鹳草、芍药
⑩ 紫菀（白色、粉色、胭脂红色），高株和矮株
⑪ 攀缘月季（深红色或浅红色）
⑫ 落新妇（白色和粉色）
⑬ 天竺葵‘约翰逊蓝’、假升麻、疗肺草
⑭ 天蓝绣球（白色或朱红色）、弗吉尼亚腹水草、滨菊
⑮ 锦带花、血红老鹳草、北疆风铃草
⑯ 红叶李
⑰ 菱叶绣线菊
⑱ 拉马克唐棣
⑲ 变叶海棠
⑳ 木槿‘蓝鸟’
㉑ 杂交山梅花
㉒ 卵叶连翘‘四金’
㉓ 锦熟黄杨，球形

自由式花园

在这个自由式花园中，草坪和种植区的边界分割线贯穿整个花园，弯曲流畅的线条模糊了矩形花园带给人的生硬感。

整个露台使用大块亮色地板砖铺设，小块灰色砖石填充地板砖之间缝隙并勾勒出露台和草坪边界。部分露台采用圆弧形设计，看起来像是露台“探入”草坪，使得露台和草坪的分界线不再那么清晰硬朗。

穿过种植区的脚踏石板轻松绕过植物，容易铺设。

蜿蜒的小径

一条草坪小路从露台开始，蜿蜒前行几米后渐变成椭圆形，随后再次变窄止于砖石铺面的圆形休息区，其上放置一张可躺可坐的长木椅。草坪与种植区之间是一条砖石铺成的小隔离带，极大地减少了维护草坪时对边缘地带的修剪工作。

草坪尽头的种植区内，一个古朴的花瓶放于石板之上，有效地拉长了空间距离，成为视觉焦点。两株修剪成球形的小灌木不仅突出了休息区的入口，也和长椅两侧的球形盆栽相互呼应。围绕其四周的高大灌木丛巧妙地隔绝了外界好奇的目光。坐在长椅上，一眼望去，无论是修剪整齐的草坪、鲜花盛开的灌木丛，还是大型观叶乔木，抑或果实累累的果树，四季不同的景色尽入眼帘！

阳光和遮阳

露台南侧的大树为露台休息区提供了最佳遮阳效果。花园最南部休息区旁边的小型乔木，与沿着分界线种植的用于视觉隔离的高大灌木一起在西南侧形成一块遮阳种植区，非常适合喜阴的多年生植物。

被植物环绕的中央大草坪营造出了一个迷人的花园空间。
此处勾勒种植区边缘的弧形线条造型功不可没。

圆形休息区和露台之间的东侧种植区内铺设有一条蛇行石板路。这种开放式的设计不仅可以多角度欣赏植物，也更方便进行花园维护工作。从地理位置上来看此处适合喜欢阳光的多年生植物。鉴于其靠近露台区，可以挑选那种花色非常艳丽的多年生品种进行混合种植。

如果灌木高度合适，从外面是完全看不到露台休息区的，如此个人隐私即可得到最大程度的保护。

一览表

◎花园面积：7m×11m=77m^2

◎主要建筑元素：露台，木格架墙（带地基），草坪与种植区之间的砖石隔离，石板路。

◎维护：割草，种植区维护，树木造型修剪（每年1～2次），定期修剪灌木。

18
17
7
11
11
12
10
19
15
13
8
16
14
15
9
12
11

建筑元素

① 大理石铺面露台，配以砖石镶边
② 木格架，用作视觉隔离
③ 草坪与种植区间以砖石带做界限划分
④ 视觉焦点——花瓶
⑤ 小块砖石铺就的圆形休息区
⑥ 石板路

植物清单

⑦ 飞燕草、紫菀、芍药、玛格丽特、天竺葵
⑧ 落新妇（白色和粉色）、疗肺草、矾根、矮桃
⑨ 阔叶风铃草
⑩ 千屈菜、福禄考（粉色和白色），婆婆纳
⑪ 绣线菊‘格雷斯·海姆’
⑫ 月季‘路易斯·欧迪’
⑬ 火棘‘金色阳光’
⑭ 猬实
⑮ 紫叶锦带花
⑯ 粉团荚蒾
⑰ 月季‘波尔女士’
⑱ 杂交海棠‘约翰·唐尼’
⑲ 柳叶梨

规整式花园

这个清晰规整的轴对称设计利用低矮的、修剪成箱形的树篱将整个花园分成两个部分：一部分是与房屋毗邻的露台休息区；另一部分包括一个带有圆形种植床的植物区，一个点缀有零星植物的小水景池，以及一个带有遮雨篷的亭台休息区。沿着格架墙设计成条状的种植带，按对称方式种植了灌木、多年生植物和地被植物，它们和亭台一起构成了一个完美的隔离空间。

几何结构

花园里最显著的设计是位于中央方中套圆的几何形种植床：圆心是一株修剪成锥形的常绿乔木——欧洲红豆杉，圆面则被分割成许多扇形格，每个扇形格中都种植了单色花卉。对角线扇形格内使用同一色彩或同一品种花卉的做法突出了轴对称的设计特点。其周围正方形草坪的四个角落各有一株小型

与建筑结构多样、花团锦簇的花园相比，规整式花园安静稳重的氛围更令人赏心悦目。

近水的亭台优雅静谧。

为了强调花园不同区域的特点，专门在露台休息区的四个角落设置了高大的盆栽，周边底层的植物更换成半人高的喜阳多年生灌木组合。地势较高的亭台两侧选择了大株型的开花灌木，再由低矮的混合植物群落完美过渡到地被覆盖植物。整个花园在白色木格架的衬托下显得生机盎然。

锥形乔木，和中心的欧洲红豆杉相呼应。为了维持种植床的标准造型，建议使用钢筋混凝土进行加固，不但易于后期养护，还能防止草坪边缘越界。若不喜欢割草工作，可以用长势密集、平坦的常绿灌木替代草坪。

矩形小水景池和其紧邻的种植床一样，都有砖石镶边。鉴于水景池面积较小，使用盆栽花卉做装饰点缀即可，两侧的鱼形木雕突出水景造型。当然，若经济条件许可，装饰性的木雕改成可喷水的雕像效果会更好。

亭台的抬高处理

为获得更好的视野，亭台地基做了抬升处理。放眼望去，波光粼粼的水景池映衬着远处茂盛的花坛，一切尽收眼底！顺沿花园的边缘，开辟出两条狭长的种植区，整齐地按相同间距、左右对称的方式栽种了形状统一的灌木，下面则用多年生地被植物覆盖土壤。灌木选择了高秆月季和高秆绣球。同样的，只要是球形、圆锥形等外观统一的乔木，无论高矮，都是值得考虑的替代品。

一览表

◎花园面积：7m × 12m=84m^2

◎主要建筑元素：露台，水景池砖石镶边，亭台休息区抬高地基处理和遮雨篷，混凝土浇灌的水景池，混凝土加固的圆形种植花坛，带地基的木格架墙。

◎维护：割草，种植区维护，树篱修剪（每年 2 ~ 3 次），灌木定期疏剪（3 ~ 4 年1次），修剪月季（春季），护理水生植物（春季施肥，秋季修剪），清理水泵（秋季），植物越冬保护。

9
9
20
19
14
21
15
16
17
10
10
13
12
22
11
11
18
18

建筑元素

① 露台，大理石铺面
② 木格架墙，白色
③ 砖石铺面
④ 鱼形木雕
⑤ 水景池
⑥ 亭台抬高地基
⑦ 带遮雨篷的亭台，内置木质长椅
⑧ 钢筋混凝土浇灌的圆形种植床边框

植物清单

⑨ 观赏鼠尾草、风铃草、萱草、一枝黄花
⑩ 垂钓风铃草‘海星’
⑪ 球形樱花草(白色)、欧石楠(粉色)、蓝色肺草
⑫ 燕子花
⑬ 轮叶金鸡菊
⑭ 林荫鼠尾草
⑮ 杂交茶香月季‘回忆’
⑯ 杂交茶香月季‘亚力山德拉’
⑰ 高秆月季
⑱ 红蕾雪球荚蒾
⑲ 大花圆锥绣球
⑳ 黄杨
㉑ 欧洲红豆杉
㉒ 百子莲(白色或蓝色)，盆栽(不耐寒)

水 景 园

这款花园设计的重点元素是水景。花园中心位置是一个圆形大池塘，环绕水池铺设了一条鹅卵石小路，小路北部与露台接壤，南部延伸至一处毗邻池塘的亭台休息区。半圆形的露台砖石铺面采用由内而外的放射形排列，有效地拉长了空间距离。池塘本身可用混凝土浇灌，也可用池塘专用塑料防渗膜做防水。其边缘无论使用天然石材还是混凝土，都必须采用混合砂浆或灰泥做加固处理。若池塘为无台阶设计，一定要有一处过渡的斜坡，方便不慎落水的小动物爬出来。池塘周围的植物宁少勿多，并尽量使用盆栽，保证水面上空无遮挡，才能够欣赏到天空、亭台，以及亭台两侧大树在水中优美的倒影。

层次分明的建筑风格轻松明快。

水生植物

选购水生植物一定要小心谨慎。若环境条件适宜，水生植物的生长速度绝对能让你大吃一惊。举例来说，单株生长速度中等的睡莲完全展开的面积为$1m^2$左右，假如种下5株，那么预计所占面积为$5m^2$左右。但你若这样认为的话就大错特错了，因为它们绝对会毫不客气地占据整个池塘水面，让你一点水都看不到！

临水而憩

木质亭台采用四面均为花架墙的开放式设计，底部的木质平台略微“探入”池塘，让人有一种“置身于水面”的新奇感。夜幕降临，嵌于鹅卵石小路两侧的路灯和水面的漂浮灯相映成趣，展现出与白天截然不同的景观效果。花园南侧混合种植的高大多年生植物和灌木，联合亭台南侧爬满格架的攀缘植物，构建出一个天然的私密空间，阻隔外部窥探。露台两侧的木格架墙上也布满攀缘植物，不仅起到阻隔视线的作用，外观上也更显活力，

略微探出水面的木质平台休息区，可让人近距离地体会水带来的多种感官体验。

充满勃勃生机。鹅卵石小路与露台及花园边界之间的种植区适合喜阳及喜半阴的各式小乔木和灌木。水景池前方的月牙形种植区内是半人高的灌木，搭配两侧的小树冠乔木正好形成了一个立体式画框，既强调了水景，又激起了大家一探究竟的好奇心。

一览表

◎花园面积：$7m \times 11m = 77m^2$

◎主要建筑元素：露台，水景池，鹅卵石小路，带地基的木质亭台，带地基的木格架墙。

◎维护：种植区维护，定期修剪乔木（每年 1 ~ 2 次），定期疏剪灌木（3 ~ 4 年1次），定期清理池塘用水（特别是春季），维护水生植物，秋季清理水泵。

21
8
13
19
20
18
9
10
17
12
11
22
16
13
14
15

建筑元素

① 露台砖石铺面
② 木格架墙，白色
③ 鹅卵石小路，边缘以砖石加固
④ 月牙形花坛
⑤ 水景池，砖石砌边
⑥ 球形灯，直径 35 cm 和直径 55 cm
⑦ 木质平台和亭台

植物清单

⑧ 灌木月季（白色）、老鹳草（蓝色）、西伯利亚鸢尾（白色）、斗篷草
⑨ 西伯利亚鸢尾（紫色）、玉簪（蓝叶）、北疆风铃草、斗篷草
⑩ 山矢车菊‘阿尔巴’、玉簪、西伯利亚鸢尾
⑪ 落新妇（白色）、阔叶风铃草、淫羊藿
⑫ 萱草（黄色）、大麻泽兰、老鹳草（蓝色）、高加索勿忘我
⑬ 乔木绣球‘安娜贝尔’
⑭ 蓝丁香‘帕利宾’
⑮ 杂交山梅花‘美人鱼’
⑯ 连翘
⑰ 大花白鹃梅‘新娘’
⑱ 粉红溲疏
⑲ 黄杨，球形
⑳ 拉伐氏山楂‘卡瑞尔’
㉑ 月季‘新曙光’、铁线莲‘超级杰克’
㉒ 羊叶忍冬

植物爱好者的花园

这个设计方案的主要思路是在有限的空间里，尽可能地拓展种植区，以满足植物爱好者的种植需求。整个花园由北向南分成三个部分：露台、规整花园区和英式花坛区。后两者之间以半人高树篱做间隔。

露台采用浅色大理石铺面，两侧狭长种植区内的攀缘植物沿着木质凉棚架爬满整个棚架顶部，使露台成为炎炎夏日乘凉的好去处。踏出露台直接进入一个小型规整花园。小花园呈“田”字形结构，用修剪得整整齐齐的低矮树篱划分成四个小区域，种满各种喜阳或喜半阴的多年生灌木和小乔木。当然也可专门用作主题花园，比如芍药园、月季园；或者专门用作切花种植区、英式乡村风格的多年生植物混合种植区，这些都是不错的选择。

草坪小径穿过多年生植物种植区，与色彩缤纷的鲜花形成鲜明对比。

花间长椅

临近露台的规整花园内有两条交叉的砾石小路：东西走向的小路尽头分别放了一张长椅，在工作之余放松休息的时候，能近距离地欣赏自己的“作品”。一株高秆月季位于小路交汇中心，成功地吸引了大家的注意力，避免南向花园被“一看到底”。半人高的常绿灌木树篱和左右两株小树冠乔木形成的“门”把花园隔成两部分。最南侧的花园尽头有一处抬高的休息区。休息区以砖石铺面，配备木质长椅和金属拱门，被攀缘植物覆盖，和北侧的露台成呼应之势。休息区两侧种满常绿乔木。草坪周围的砖石铺面不仅方便行走，也可减轻割草时的边缘修剪工作。当然，不喜欢修剪草坪的可直接舍弃草坪，采用砖石大面积铺设。

修剪整齐的黄杨树篱是不同主题花坛的最佳隔离。

突出花坛特色。最常见的方法就是大胆利用色彩的不同组合，比如靠近露台的花坛使用经典蓝、白、黄三色组合，而位于草坪两侧的英式狭长花坛使用淡紫色、深紫色的渐变色系。此外还可以根据植物不同的开花时间，甚至根据不同的种植目的（比如专供切花使用）对花坛空间进行划分。

英式花坛

草坪左右两边专门预留出大面积空地，种满了开花灌木和多年生植物。由于花坛纵向深度够大，就采用了英式花坛的设计：把各种植物按照不同生长高度分为高、中、低三个类别，并以由远及近、由高到低的原则规划种植，构建出高植物为远景，中低植物为近景的坡度造型。这个设计看起来简单容易，实践中则需要详细规划和大量练习。最终成型的花坛比例匀称、错落有致，拥有油画般的美感，非常值得一试。

此处推荐几个能够强化效果的实用技巧，赋予不同花园种植区不同的植物主题以

一览表

◎花园面积：6m × 12m=72m^2

◎主要建筑元素：露台，带地基的亭台，砾石小路和草坪的砾石边缘，休息区铺面，带地基的木格架墙。

◎维护：草坪修剪，花坛种植区维护（施肥、除草、修剪枯枝等），绿篱修剪（每年 1 ~ 2 次），灌木修剪（ 3 ~ 4 年 1次）。

16
14
7
15
12
13
9
8
11
17
10

建筑元素

① 露台，大理石铺面
② 木质棚架
③ 木格架墙
④ 砾石铺路
⑤ 草坪四周铺设砾石隔离带
⑥ 带月季花架的休息区

植物清单

⑦ 芍药（白色）、波斯天竺葵、阔叶风铃草‘阿尔巴’、白鸢尾‘弗里吉亚’、柔毛羽衣草
⑧ 飞燕草（浅紫色）、紫苑（白色和粉色），珠蓍‘雪球’、老鹳草、杂交矾根‘黑曜石’
⑨ 英国月季‘格特鲁德·杰基尔’
⑩ 互叶醉鱼草
⑪ 紫叶风箱果
⑫ 高秆月季‘波尔女士’
⑬ 欧洲红豆杉
⑭ 锦熟黄杨
⑮ 刺槐‘球冠’
⑯ 紫藤
⑰ 藤本月季‘美人’

农夫花园

这是一个散发着勃勃生机、洋溢着快乐气息的花园设计。园中不仅有多种多年生植物、各色夏季花卉，甚至香草、蔬菜、水果都能拥有一席之地！为避免在狭小空间大量种植带来的凌乱感，采用了严谨的几何设计进行空间划分，并兼顾传统农夫花园的特点——使用低矮整齐的树篱做勾边处理。

中轴线

浅色大理石铺面的半圆形露台两侧的狭长种植带内，非常适合喜阳的半人高多年生灌木和小型乔木。从露台到花园尽头的中轴线是鹅卵石铺就的花园主路，并在起点、中点和终点分别以圆形铺面设计划分花园空间：横轴线两端的盆栽和横轴线与纵轴线交汇处的大树三点连成一线，完美地呼应了纵向中

几何图案的花坛，利用矮树篱隔离勾边，各式香草、花卉、多年生植物和蔬菜、水果是农夫花园的基本元素。

月季花架下的长椅是休息和欣赏园景的好地方。

轴线上的三个圆形图案。最令人惬意的亭台休息区位于主路终点：长条木椅搭配花架上郁郁葱葱的攀缘植物，晚风习习，飘来阵阵花香，是夏季乘凉的好去处。

美观实用

围绕花园边界开辟出的狭长种植带内种满了各式香草，不仅极大丰富了餐桌美食品种(部分还可药用)，还能欣赏漂亮花卉，享受满园的芬芳。呈几何图案的花坛以低矮整齐的黄杨树篱进行勾边，再以浆果乔木修饰(此处选用浆果乔木是因为其比浆果灌木所需种植空间更小)。当然，不喜欢浆果乔木的可以采用高秆月季或修剪整齐的常绿灌木替代。

娇嫩的月季、翠绿的多年生植物、各色夏季花卉和各种蔬菜有序地、分门别类地分布于各个花坛中。需要注意的是，蔬菜一定是“点缀式”种植而非“大面积”培育，否则收获蔬菜(如沙拉菜)后裸露的大片地表土会破坏花坛整体美感。还有一些蔬菜外观本身就非常有观赏性，比如五颜六色的沙拉菜、根茎色泽鲜艳的芥菜、有着花朵一般外形的丝状罗马花椰菜等。这些蔬菜与其他花卉适当搭配种植，可以达到令人耳目一新的效果。切记，农夫花园并非农场，农作物也非必需品！倘若蔬菜类种植花费的时间和精力超出预期，那就只用多年生植物、月季和夏季花卉进行简单整合，花园也会很漂亮。

一览表

◎花园面积：$6m \times 12m=72m^2$

◎主要建筑元素：露台，带地基的金属花架，砖石花园小路及地面圆形铺设区，带地基的木格架墙。

◎维护：种植带维护，树篱和树木修剪（每年1～2次）。

6
11
10
9
13
8
7
8
12

建筑元素

① 大理石铺面露台
② 木格架墙
③ 地面圆形铺设区，采用不同颜色砖石加强对比
④ 砖石园路
⑤ 亭台、长椅、月季花架

植物清单

⑥ 月季（白色）、波斯天竺葵、柔毛羽衣草
⑦ 芍药‘红宝石’、荷包牡丹（白花）、紫苑、天蓝绣球、大滨菊、夏季花卉、蔬菜
⑧ 细香葱、鼠尾草、百里香、蜜蜂花、牛膝草、薄荷
⑨ 浆果乔木
⑩ 黄杨树篱
⑪ 杂交海棠‘红哨兵’
⑫ 月季‘阿尔贝里克’
⑬ 玉簪

“懒人”花园

这个花园设计的宗旨是“投入最小的精力，拥有最漂亮的花园”。

露台地面的浅灰色大理石板被打磨得光亮明快，草坪上的砖砌小水景池中零星点缀着水生植物。喜欢阳光的攀缘植物在房屋外墙上自成一体，面积不大却很别致。一株小树冠的落叶乔木不仅能在夏天带来阵阵凉意，还有类似屏风的效果——阻隔视线。顺着草坪缓缓前行，无论是小巧的小鸟浴盆，还是漂亮的小陈设品都让人流连驻足。

使用砖石水泥铺路，并做草坪镶边处理，方便草坪的边角维护。

隐蔽的休息区

踏上草坪小路，拐几个弯便能到达花园主草坪。草坪一侧的休息区设有长椅，利用周围高大灌木和多年生植物遮挡了外界的窥探目光。长椅两侧的球形小乔木凸显出长椅的位置，前方盛开的开花灌木提升了美感。种植区和草坪之间使用砖石铺路，方便灌木修剪和草坪的边角维护。

种植区内挑选了容易打理的乔木和灌木，辅以生命力强健的多年生开花灌木和地被植物。树木之间或树下区域特别适合喜阴的地被植物，如肺草、淫羊藿、矾根、林石草等。而喜欢阳光的植物只要在阳光充足的地方就能旺盛生长。

地被植物选择了林石草，可以在短期内形成一层紧密厚实的“地毯”覆盖地表土，进而抑制杂草生长，无须再除草。

最少的投入

挑选植物时建议使用多年生地被植物：它们能在较短的时间内迅速覆盖地表。紧密厚实的“地毯式”生长最大程度地杜绝了杂草，进而减少了日常维护整理工作。同时，其漂亮的花朵，各具特色的叶形、叶色也很有观赏价值。草坪的维护只要定期割草即可，不需要太多时间，每次的草屑量也不会很大。如果不想多花精力和时间处理草料，推荐一个好办法：将每次割草后得到的草料晒干(否则堆积的草料很容易发酵)，在树下薄薄地铺上一层，能够有效地改善土壤结构，提供更多的有机物质并抑制杂草生长。

一览表

◎花园面积：6m×12m=72m^2

◎主要建筑元素：露台，砖砌小水景池，休息区及草坪和种植区间砖石铺面，带地基的木格架墙。

◎维护：割草，种植区维护（施肥、修剪枯枝和残花烂果、必要时除草），树木修剪（每年 1 ~ 2 次），灌木疏剪（3 ~ 4 年1次），水景池维护（定期清水），水生植物护理（特别在春季）。

14
7
24
15
25
18
16
13
19
8
26
17
12
18
19
9
10
23
22
19
17
11
20
19
21
10

建筑元素

① 露台，大理石铺面
② 砖砌水景池
③ 木格架墙
④ 石质小鸟浴盆
⑤ 种植区和草坪之间的砖石小路
⑥ 休息区，带木质长椅

植物清单

⑦ 华丽老鹳草
⑧ 杂交天竺葵‘约翰逊蓝’
⑨ 疗肺草、林石草、观赏草、玉簪
⑩ 假升麻
⑪ 杂交岩白菜
⑫ 天竺葵‘约翰逊蓝’、柔毛羽衣草、观赏草、玉簪
⑬ 林石草
⑭ 月季‘炼金术师’
⑮ 月季‘龙沙宝石’
⑯ 月季‘梅布尔·莫里森’
⑰ 红瑞木‘优雅’
⑱ 杂交山梅花‘貂皮大衣’
⑲ 尖绣线菊
⑳ 刺荚蒾
㉑ 火焰卫矛
㉒ 齿叶冬青‘斯托克斯’
㉓ 黑海杜鹃
㉔ 猬实
㉕ 红花槭‘斯坎伦’
㉖ 花楸‘科斯顿粉红’

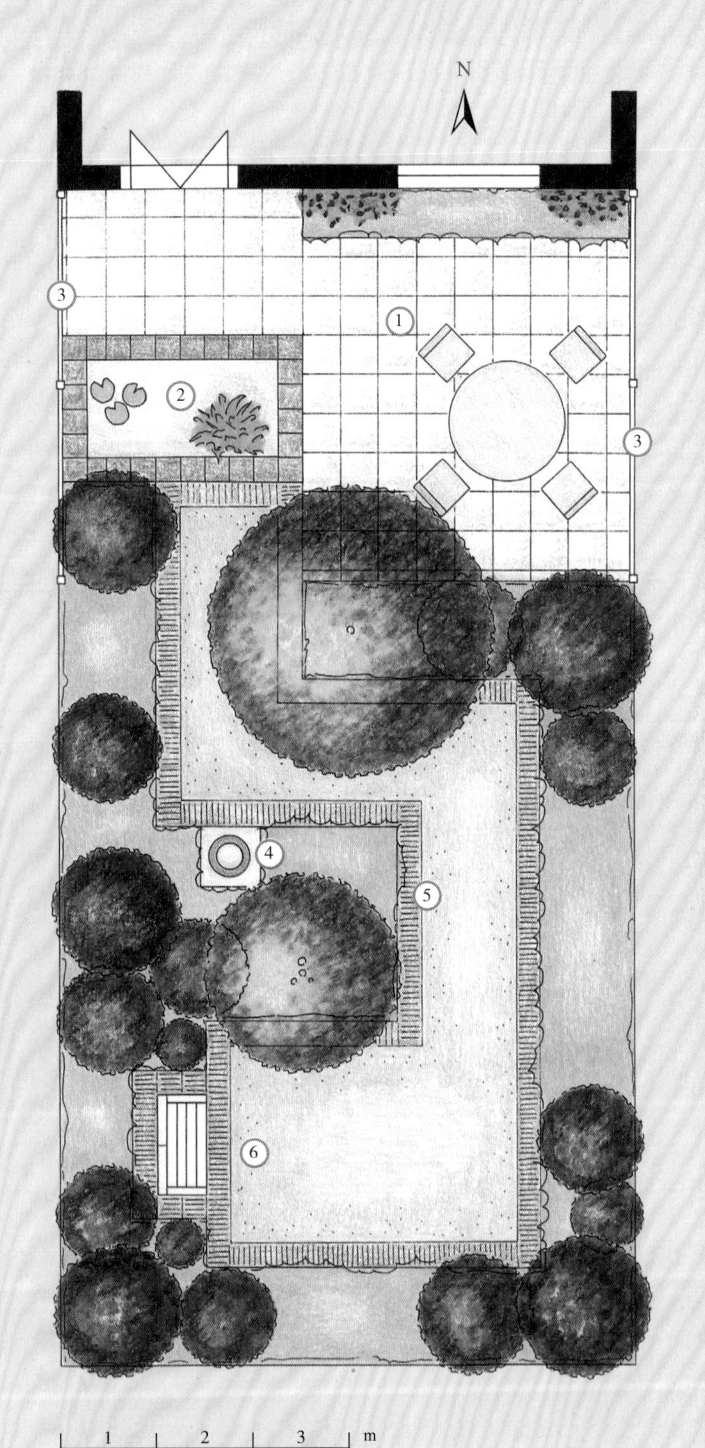

坡地花园

当花园地势存在高低差时，称为坡地花园。这种地势会导致土地使用范围受限，但起伏多变的地形也为个性设计提供了可能：利用挡土墙将花园分层规划成梯田，并对每一层赋予不同的特点。此处修建挡土墙的土木工程是一笔不小的花费，要提前做好预算。

不同的层面

梯田式分层会因为高度差而极具立体感。以40页设计图为例，分别为露台(上层)、过渡区(中层)、花园区(下层)。露台层的挡土墙做了一个半圆弧形结构，不仅与过渡区的圆形水景池和下层花园的圆形砖石铺地相呼应，还是俯视整个花园的最佳居高点。露台

建挡土墙对坡地花园进行分层时，会产生许多令人惊喜的特殊种植区域，比如楼梯侧面，挡土墙墙冠上方等。

挡土墙内嵌入水景池的设计在坡地花园分层结构中很有创意。

右侧靠墙处安置了一个窄柜，可用来收纳花园工具。从上层到过渡层的台阶顺沿露台圆形突出部分呈S形环绕而下(过渡层到下层花园的台阶也是沿水景池呈S形设计)。在上层台阶扶手地基降低到一定高度时，上面加上木板就成了一个舒适的座椅，歇息时还能欣赏水景池的景色。上层台阶左侧的种植区保留了自然斜坡地形，适合种植喜欢阳光的植物，或铺上相应的培养基，种植耐旱的多年生灌木或小乔木。露台右侧下方的大树为露台休息区提供遮阳功能，大树后至挡土墙、右至花园边界的区域内，种满了半人高喜阳或喜半阴的多年生植物。大树和台阶间的空地使用多年生植物替代草坪，上面放置脚踏石板连接两段阶梯。

新视角

下层花园区是最大的活动场地，草坪以圆形砖石小路和种植区隔开，方便修剪和割草。种植带内有高大灌木和半人高以上的喜阳多年生植物，如溲疏、红蕾荚蒾、金露梅、福禄考、观赏鼠尾草、金鸡菊和金光菊等。从过渡层到下层楼梯对面是四周环绕高大灌木和多年生植物的木质长椅，极其隐蔽。坐在此处，不仅能看到四周的开花植物，还可以向上仰望水景池——新的观赏角度。这个坡地花园中有三个不同的特殊观赏角度：俯视(从露台)、平视(从过渡层的木椅休息区)和仰视(从下层木质长椅)，带给人多方位的视觉享受。

一览表

◎花园面积：7m × 11m=77m^2

◎主要建筑元素：露台，防坠落挡土墙（带栏杆），带栏杆扶手的楼梯，带座椅和防坠落栏杆的斜坡种植带，水景池，人行道（休息区），脚踏石板，木格架墙。

◎维护：割草，种植区维护（施肥、除草、修剪枯枝等），灌木疏剪（每3 ~ 4年1次），水景池维护（定期清水），水生植物养护（春季施肥，秋季修剪）。

17
9
8
10
12
11
13
12
16
15
14

建筑元素

① 露台，大理石铺面
② 木格架墙
③ 工具柜
④ 防坠落挡土墙（带栏杆）
⑤ 斜坡种植带，带木质长椅
⑥ 水景池
⑦ 休息区，带木质长椅

植物清单

⑧ 猫薄荷、岩生庭芥、鼠尾草、屈曲花属、金鸡菊
⑨ 玉簪、黄花菜、大根老鹳草
⑩ 山芫荽
⑪ 丛生福禄考、大花轮叶金鸡菊、观赏鼠尾草、金光菊‘金色风暴’
⑫ 红蕾荚蒾
⑬ 金露梅‘满族’
⑭ 溲疏‘白云’
⑮ 山梅花‘布兰奇夫人’
⑯ 尖绣线菊
⑰ 太白樱

月 季 园

这个花园专为月季爱好者而设计，如果不喜欢月季，以其他喜阳的开花灌木代替，也是很好的选择。这里的花园布局为开放型，从露台能将整个花园尽收眼底。造型优雅精致的金属小亭台上爬满攀缘月季，在阳光照射下洒下斑驳的光影，美不胜收。穿过露台一侧的月季拱门，是一条直达亭台的浅色大理石板小路。小路与花园墙之间是充当背景高大茂盛的多年生植物，而小路另一侧的低矮月季花床则形成一种自外而内，高度逐渐降低的层次感。花园南侧选择了高秆月季和多年生植物，不仅遮阳还能防窥探。这种古典的英国月季拥有色泽光鲜的大花朵，同时散发着令人沉醉的甜香，为亭台休息区增色不少。稍行几步即可来到整个花园的中心——方形大草坪，其以方砖砌边，并下沉了一个台阶的高度。

月季、铁线莲和多年生植物的组合创造出花繁叶茂的动人效果。

下沉的草坪

草坪与周围种植区的高度差异并不大，但二者之间的分割效果非常清晰。置身草坪中央，四周环绕着逐渐增高的开花植物，让人产生一种身在“鸟巢”被悉心保护的感觉。沿着修剪得整整齐齐的草坪继续前行回到露台，左侧全是争先恐后冒出各色花朵的英国月季和灌木月季。一动(月季)一静(草坪)相映成趣。

浪漫的月季拱门将花园自然地划分开来。

利用多年生植物填补空隙

顾名思义，月季在“月季园”的重要性无可替代，但就像鲜花总要有绿叶来衬托一样，月季也需要其他植物衬托，否则就会像一副未完成的画作，总觉得缺些什么。利用颜色分类的单一月季品种设计已经过时，一般只会偶尔出现在公园或一些正规花园的人工种植区块里。

家庭花园中使用月季和多年生植物混合种植更能展现出一种自然的风情，没有刻意的人工制造痕迹感。多年生开花植物多样的花色和叶面独特的纹理特别适合做灌木月季的辅助种植。最常见的搭配品种有老鹳草、风铃草、紫苑和宿根福禄考。

灌木月季的维护要求与其他月季和蔷薇不同，后者需在每年春天修剪后留 3 ~ 5 个花蕾，而前者不需要定期进行大规模修剪，只需在春季去除枯枝，和其他灌木一起定期做疏剪即可。

一览表

◎花园面积：8m × 11m=88m^2

◎主要建筑元素：露台，下沉的草坪，台阶和草坪的砖块镶边，带地基的月季拱门，石板路，带地基的亭台和亭台铺面，带地基的木格架墙。

◎维护：割草，种植区维护（施肥、除草、修剪枯枝等），定期修剪月季，灌木丛定期疏剪（3 ~ 4 年1次）。

15
14
7
11
8
17
16
10
12
9
13
13

建筑元素

① 露台，大理石铺面
② 月季拱门
③ 石板路
④ 木格架墙
⑤ 用作休息区的亭台
⑥ 下沉草坪台阶和四周边缘铺砖

植物清单

⑦ 月季和多年生植物：月季‘对亚琛的问候’‘亚马逊的回忆’‘达芬奇’、血红老鹳草、风铃草、大花夏枯草
⑧ 婆婆纳、老鹳草（蓝色）、紫苑
⑨ 假升麻
⑩ 芍药、老鹳草、疗肺草
⑪ 天蓝绣球、紫苑、老鹳草
⑫ 互叶醉鱼草
⑬ 月季‘费莱希帕蒙特’‘雪球’‘查尔斯磨坊’‘波尔女士’‘斐迪南皮卡德’
⑭ 新品种月季和英国月季‘白雪公主’‘乔叟’‘遗产’‘奥赛多’
⑮ 月季‘新曙光’
⑯ 月季‘蓝莓’
⑰ 月季‘珊瑚晨曦’‘科尔德斯’、铁线莲‘海浪’

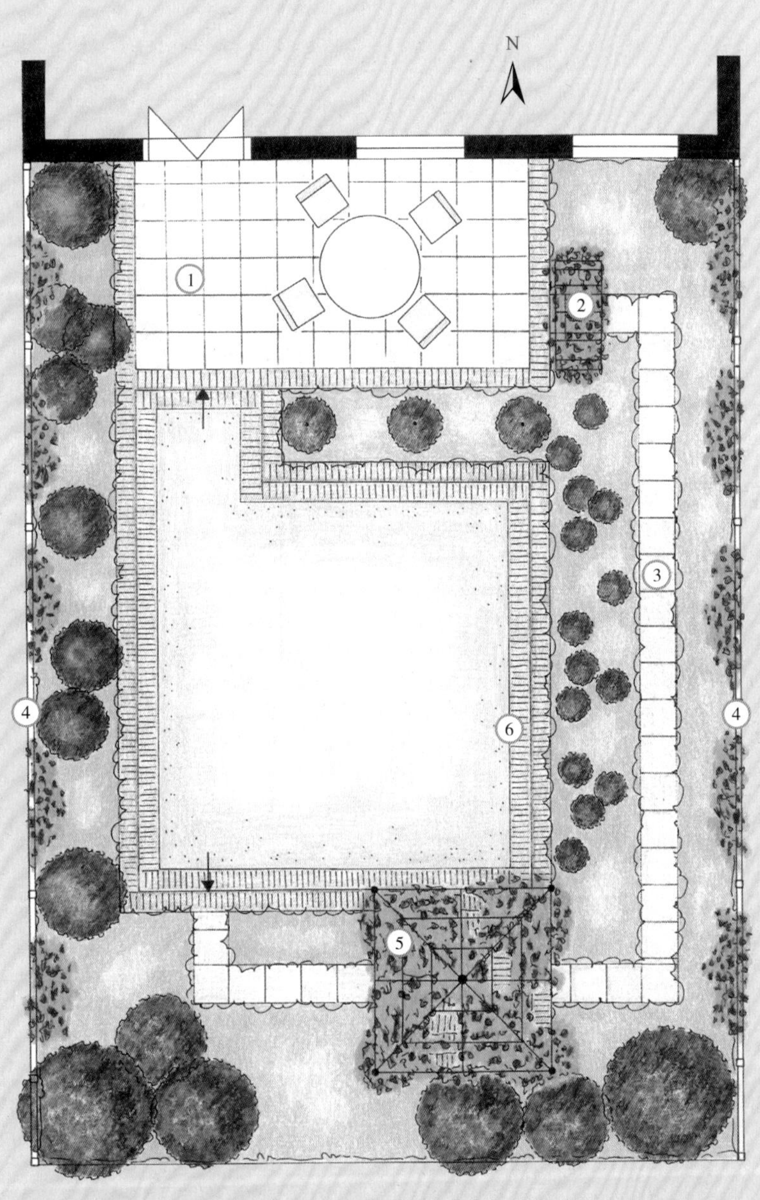

配色独特的花园

这个花园设计中步行小路和隔离带的铺面用材使用亮色系(蓝紫色),为此在植物叶色和花色的选择上也做了相应调整,令整个花园一年四季都呈现出色彩斑斓的效果。多年生植物、地被植物、枝干强健的乔木的日常维护也很容易。

彩色小路和休息区的圆形铺面确立了整个花园的色彩基调。

两条蓝色“丝带”

露台采用浅黄色大理石板铺面,一条由浅灰色和蓝色石材拼接而成的弧形小路,穿过草坪和种植区,止于花园南侧一个同色系石材铺面的圆形休息区。步行小路不仅充当了草坪和种植区的隔离带,还便于草坪边角的修剪。其两侧利用深蓝色小碎砖来精准确定其弧线走向,在中途一圆形小水景池短暂停留后继续向北直达露台。这条贯穿南北的“蓝丝带”像一条线,将整个花园中各自独立的元素——露台、水景池、休息区像珍珠一样完整地串成了“项链”。种植带的植物选择了杂交天竺葵‘罗山娜’,其长势低矮,花期可从5月持续至10月。从这些景致呈现出的色彩效果可以看出设计者对颜色搭配和运用技巧的掌握已炉火纯青:浅黄色(露台)几乎能和所有颜色匹配,黄色和绿色组合散发出蓬勃生命力,黄色和蓝色组合显得清新亮丽,淡黄色与黄色组合更加高雅!

彩色的叶片是花园色彩构成中很重要的一个元素，在整个生长期都持续有效。

金色叶片和浅色花朵

在选择木本植物和多年生植物时，为了能和蓝色铺路和单色老鹳草更和谐匹配，使用了白色、黄色花朵或具有金色叶片效果的植物：黄绿色叶片的黄杨和卫矛，即使在寒冷季节也能悠然自得；竹子和生命力顽强的地被植物，如林石草可以避免地表土裸露，给单调的冬季增添一抹绿意；黄叶小檗和多年生金叶玉簪、金叶薹草‘金焰’以及虎尾芒突出黄色的层层叠加效果，并在白色和黄色花朵的点缀下实现了色彩的融合，带来最佳视觉享受。位于花园西南侧的观赏海棠‘约翰唐尼’在午后为坐在长椅上的主人遮挡烈日。其5月盛开的白色小花、秋季悬挂枝头的橙黄色果实(可用来做装饰品或制作果冻)都能轻易地吸引人们的视线。

一览表

◎花园面积：7.5m × 13m=97.5m^2

◎主要建筑元素：露台，花园小路和休息区砖石铺面，蓝色“丝带”铺面，水景池砖石砌台、镶边。

◎维护：割草，种植区维护，树木修剪（每年 1 ~ 2 次），灌木定期疏剪（3 ~ 4 年1次），水景池维护（秋季清水）。

8
7
12
14
13
11
20
19
18
9
7
17
15
10
16

建筑元素

① 露台，大理石铺面
② 视觉隔离墙
③ 水景池
④ 蓝色砖石铺面
⑤ 砖石小径
⑥ 休息区

植物清单

⑦ 杂交天竺葵‘罗山娜’
⑧ 西洋蓍草、轮叶金鸡菊‘月光’
⑨ 黄叶玉簪、堆心菊‘金丝雀’、宿根福禄考‘雅歌’、扶芳藤‘翡翠金’、落新妇‘新娘头纱’、林石草
⑩ 虎尾芒、金光菊‘金源’
⑪ 弗吉尼亚腹水草、金叶薹草‘金焰’、林石草
⑫ 大花白鹃梅‘新娘’
⑬ 神农箭竹‘辛巴’
⑭ 锦熟黄杨，球形
⑮ 杂交山梅花
⑯ 尖绣线菊
⑰ 金露梅‘妖精’
⑱ 白花单瓣木槿
⑲ 金叶小檗
⑳ 观赏海棠‘约翰唐尼’

前 庭 花 园

大多数情况下，前院设计的最大挑战是如何利用设计美学在有限的狭小空间内兼顾所有功能。毕竟我们的初衷是创建一个开放而友好的庭院入口，并能很好地与房屋外观和周围环境相匹配。

不同功能

前院应当是一个集美观与实用为一体的地方，信箱、自行车甚至垃圾桶都要有相应的位置安放。尤其是垃圾桶，会破坏整体形象，更应妥善考虑其位置。我们能做的就是尽可能地把它藏起来，比如利用一个小屋或隔间

前院的两棵小树冠乔木像两个感叹号，强调并界定了房屋入口位置，同时限定了前院其他植物的高度。

将其“隐身”。小屋或隔间的外形应尽量选择与周围环境类似的设计。

引人注目且维护简单

整个前院以精致的半人高白色金属栅栏围住(见52页图例)。信箱被贴心地安在花园入口，方便邮递员投递信件(不用进入花园)。垃圾桶藏在紧邻花园入口的小房子内，既不影响美观，也避免在倒垃圾时拖行距离过长。花园入口至房屋门前铺设了大理石板小路，两侧各栽种一株拉伐氏山楂‘卡瑞尔’，以凸显入口方位。这种小树冠的山楂树很适合装饰狭窄空间，其翠绿光润的树叶有时甚至能保持到12月，夏季的小白花、秋季橙黄色的果实也非常赏心悦目。花园入口至房屋门前铺设了大理石板通行小路，向左穿过有金属栅栏的侧门可以直达车库，向右来到一处放有长椅的休息区，坐在长椅上即可直视前院种植区。种植区中心铺设了一个方形大理石平台，上面安装的球形照明灯夜晚发出柔和的光线(也可使用彩色照明灯)，与房屋入口照明相互呼应，负责前院的夜间光照。为保证夜间通行的安全性，照明灯和通行路径之间必须畅通无阻，植物也要相应地选择低矮且不遮光的多年生植物或地被植物(与南向花园不同，前院一般朝北，导致光照不足)，比如白色圆锥花序的绣线菊、玉簪、老鹳草、斗篷草和林石草等。为方便进入种植区进行维护，还专门放置了两块大理石脚踏石板。如果前院是唯一的花园，不妨多花点时间和精力认真地规划一下。甚至可以考虑去掉花园与街道之间的金属栅栏以消除距离感，或拆掉和邻居花园之间的隔离墙(当然要事先和邻居协商并征得同意)，或去掉垃圾桶四周用于阻隔视线的多年生植物，这些都有助于创造一个更加开放而包容的空间。

一览表

◎花园面积：7m × 5m=35m^2

◎主要建筑元素：大理石板铺路，房屋门口的台阶，垃圾桶小屋及其底板铺面，邮箱地基，带地基的金属栅栏，种植区内球形灯底座铺面及踏脚石板。

◎维护：种植区维护，灌木定期疏剪（3～4年1次）。

13
13
12
11
10
10
12

建筑元素

① 房屋入口台阶
② 玻璃雨棚
③ 木质长椅
④ 球形灯底座方形大理石板铺面
⑤ 大理石铺设的小路，两侧以砖石砌边
⑥ 邮箱
⑦ 花园门
⑧ 金属制花园围栏
⑨ 垃圾桶小屋

植物清单

⑩ 杂交玉簪‘巨父’、阔叶风铃草‘阿尔巴’、杂交天竺葵‘猎户座’、柔毛羽衣草、林石草
⑪ 玉簪、林石草
⑫ 绣线菊‘格雷’
⑬ 拉伐氏山楂‘卡瑞尔’

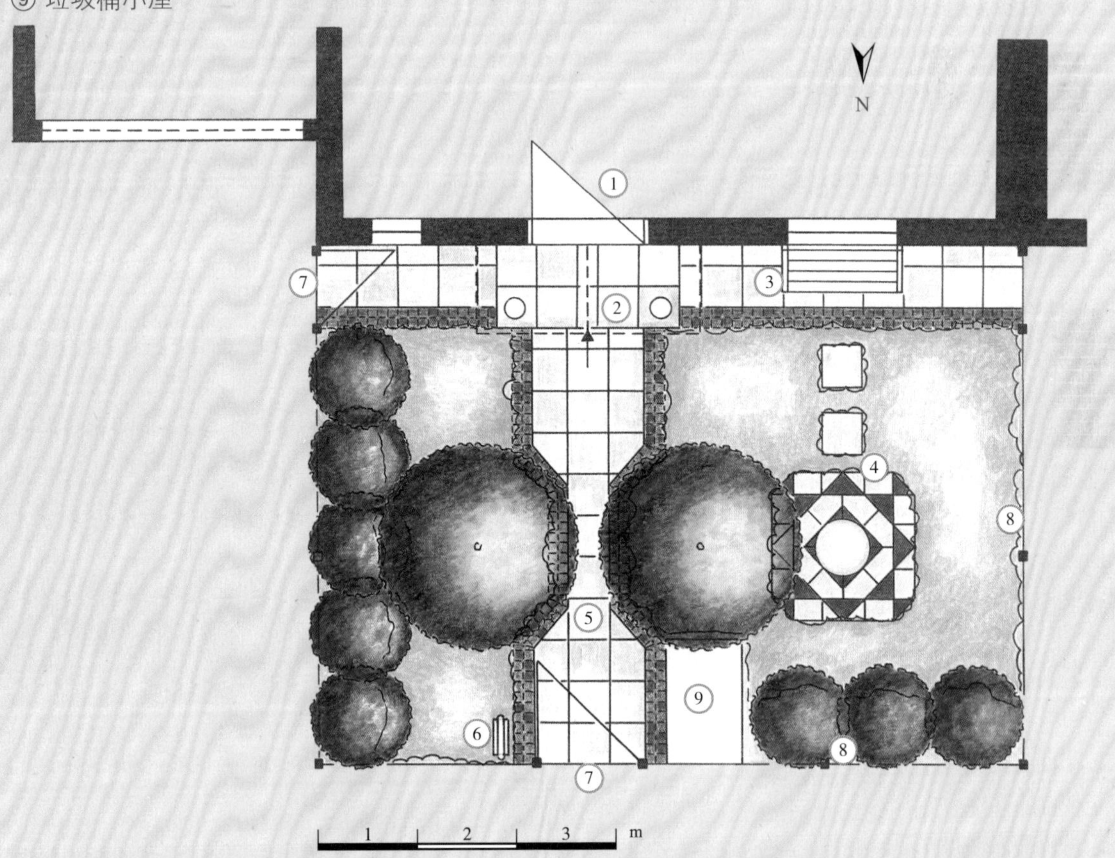

房屋转角花园

带戏水池塘的花园

戏水池塘的设计有效地拓展了花园的使用功能。炎炎夏日不仅能降低环境温度，视觉美感也远远超过普通泳池。

木质露台

整个露台使用室外用木板铺设。转过屋角，沿途依次经过L形的戏水池和小花坛到达花园侧门。露台南侧的草坪周围环绕着条

戏水池塘赋予整个花园一种宜人的氛围：水边的休闲场所、夏日的戏水乐园、近距离观察动植物的平台。

形种植区。草坪东侧的尽头安放有一张长椅，在此处做短暂停留后继续北行便来到戏水池边的平台：这个大理石板铺设的休息区是全园享受日光浴的最佳场所，还可在此放置桌椅品茶读书。平台向北经过中央种植区再次回到木质露台，完成一个“回”字形路线。烈日下，花园中心几株小树冠乔木的树荫覆盖戏水池塘和平台区，为室外活动更添几分舒适。

贴近自然的戏水池塘

为了安全起见，带戏水池的花园设计一般只推荐给家中有会游泳的大孩子的家庭。戏水池深度一般为1.6～2 m，那些适用于花园池塘的水生植物同样适用于戏水池塘。

和普通泳池相比，戏水池塘最大的优点在于几乎不需要使用化学物品来保持水的清洁。戏水池塘通常由三分之一的浅水区(种植了水生植物)和三分之二的戏水区组成，通过植物和微生物对水直接进行生物净化。同时浅水区在太阳直射下会迅速升温，并将热量循环传递到戏水区，不需要加热系统。如果池塘面积较小，一定要准备一个泵以保证天热季节池塘氧气供给。或者与过滤器配合使用，这样水质更洁净。方便好用的还有水面撇渣器，在去除水面漂浮的树叶或花粉的同时，不会伤害到水中生物。

在选择浅水区水生植物时，完全可以做到美观和实用相结合。不要仅局限于芦苇或草类，许多美丽的开花植物，如千屈菜、花蔺、梭鱼草等在整体布局中效果也非常好。

戏水池塘的维护工作主要有：春季彻底清洁；夏季水质检测(测量含氧量、温度)；秋季排空水池并修剪水生植物等。虽然工作量很大，但夏日戏水乘凉、欣赏丰富多样的水生植物，以及见到那些被池塘吸引而来的蜻蜓、水黾、水蜗牛、青蛙等小动物带来的惊喜感，会让人把一切辛苦抛至九霄云外。

一览表

◎花园面积：

（9.5m×10m）+（3.5m×4m）=109m^2

◎主要建筑元素：木质露台，戏水池塘，安置长椅休息区的砖铺地面，戏水池旁大理石板平台铺面，带地基的木格架墙。

◎维护：割草，种植区维护（施肥、除草、修剪枯枝等），灌木定期疏剪（3～4年1次），水池维护。

11
19
18
10
20
13
21
6
14
9
8
15
12
17
7
16
14

建筑元素

① 木质露台
② 木格架墙
③ 戏水池塘
④ 戏水池边平台铺面
⑤ 长椅休息区砖石铺面

植物清单

⑥ 皱叶泽兰‘巧克力’、紫菀、月季（白色）、铁线莲‘超级杰克’
⑦ 老鹳草、总状升麻‘黑发’
⑧ 华丽老鹳草、落新妇（粉色）、玉簪
⑨ 福禄考（粉色或胭脂红色）、婆婆纳‘伊芙琳’
⑩ 香蒲、日本燕子花
⑪ 大麻泽兰、玉簪、西伯利亚鸢尾
⑫ 白花单瓣木槿
⑬ 珍珠绣线菊
⑭ 溲疏‘粉白’
⑮ 花叶锦带花
⑯ 月季‘龙沙宝石’
⑰ 月季‘拉维尼亚’
⑱ 月季‘同情’，铁线莲‘冰美人’
⑲ 金银花，铁线莲‘总统’
⑳ 查理欧洲丁香
㉑ 梅叶山楂

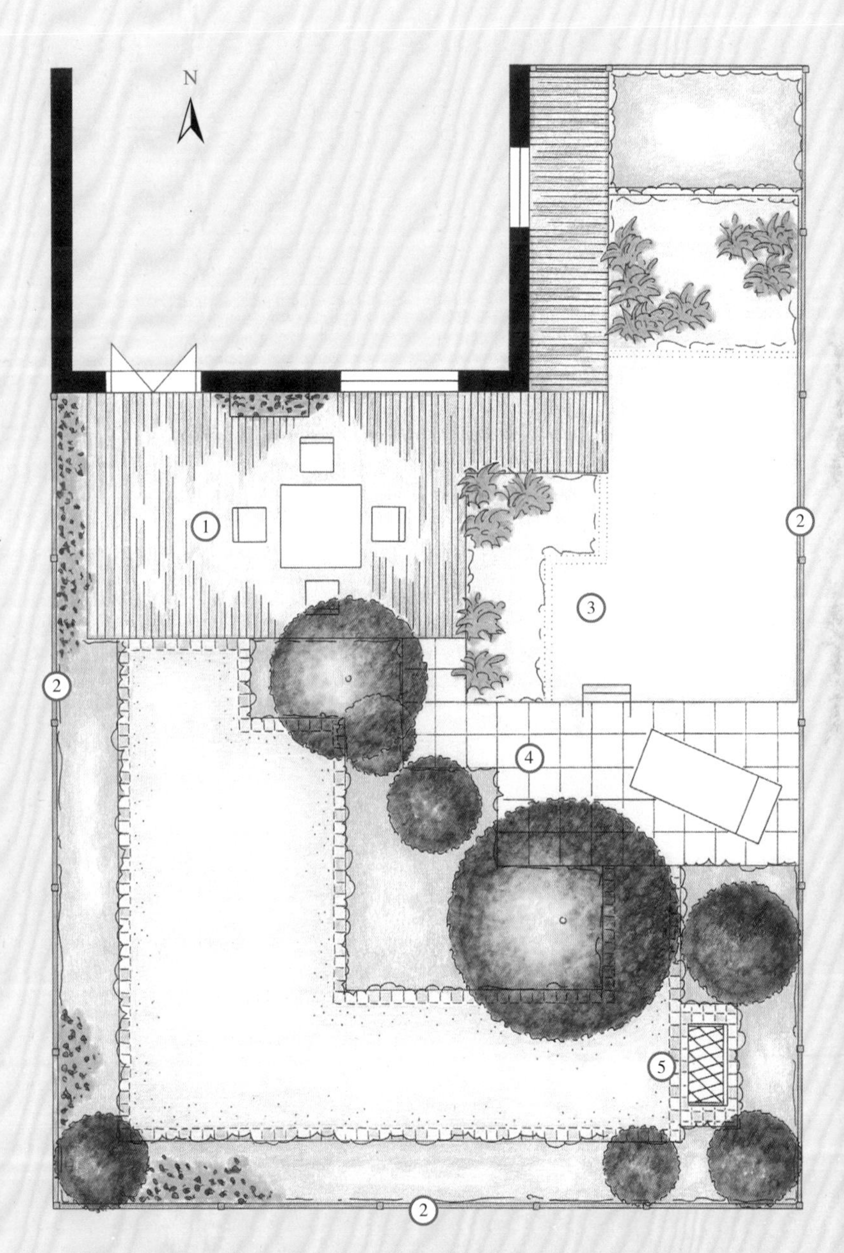

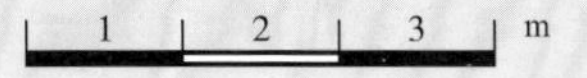

带菜园的花园

这个花园里除了观赏花卉，还专门开辟了一块菜园用地，非常适合那些既喜欢开花植物，又喜欢自产蔬菜、水果的园主。在设计和布局过程中注重将两种不同用途的种植区合二为一。

和露台相毗邻的是一块椭圆形草坪，周围种满了小型灌木和乔木。草坪中心以“大圆套小圆”的方式建了小型花坛，花坛中盛开的鲜花犹如众星捧月一般环绕在石质小鸟浴盆四周，艺术感十足。露台两侧修剪得整齐而低矮的常绿树篱将休息区和种植区做了空间分割。

菜园内的蔬菜和香草外观也很漂亮。

按功能划分

由露台出发沿石板路一路南行，穿过月季拱门，便来到一处菜园。这时会注意到整个花园按不同的使用功能划分为三个部分：休息区、观赏花卉区(草坪与多年生植物，利用树篱将其和休息区隔开)、菜园区(利用带月季拱门的木格架墙将其与花卉种植区隔开)。从美学角度讲，这种划分能最大限度地避免在狭小空间因种植多品种植物而产生的杂乱感。此外，春天裸露在外还未来得及播种的地表，夏末和秋天长势颓废的蔬菜，甚至秋收后的凌乱都被巧妙地遮掩在木格架墙后方。

沿着石板小路继续前行，经过几块由砖石砌边的菜畦，便可通往一张供停留休息的长椅。菜园与花园之间的隔离架旁适合种些棚架式果树，可利用剪枝拉绑方法使枝条呈现平铺姿态。花园四周的木格架脚下可种些攀缘类果树或蔬菜，比如猕猴桃及各种豆类，攀爬而上的密集枝叶能很好地阻隔外界视线。穿过露台东侧的月季门，可踏入一个有着休息长椅和高架种植床的小院落。种植床内是各种可食用香草，极大地丰富了家庭餐桌。木格架墙旁种植的浆果树，如覆盆子和黑莓提供了源源不断的餐后水果。

美丽的混合种植

跳出对菜园所谓的"功能性"的狭隘理解，会发现蔬果类植物和观赏花卉混合种植发挥的作用超乎想象。在蔬菜或果树间种些开花植物的做法就很常见，比如一些熟知的夏季花卉因为能使害虫远离蔬果而产生积极的影响：万寿菊和金盏花能去除土壤中的线虫；果树下种些金莲花能驱除蚜虫和血虱。许多香草对周围"邻居"的健康也很友好。一年生攀缘甜豌豆能够使过于密集的豆类种植更加松散；经过定型拉枝的果树，在其空隙使用长势缓慢的铁线莲"填补"，外观更漂亮。

将"经济作物(蔬果)"用作"装饰性"植物的做法并不矛盾，重点在于如何选择合适的品种，比如叶子或茎秆的颜色，叶面别致的纹理构造，与其他混合植物的匹配度都要兼顾。无论是香草和开花植物的组合，还是新兴的蔬菜品种试种，菜园里的创意总是无止境的。

作为菜园重要成员之一的果树，作用更不能忽视：修剪定型(扇形)效果独特。乔木类的苹果树、梨树、杏树和灌木类的覆盆子、黑莓、猕猴桃、葡萄都是对空间需求不大的品种，小花园也能容纳。

塑型果树占地面积少，可利用平铺展开的枝叶做空间划分。

一览表

◎花园面积：

（9m × 12m）+（3m × 4m）=120m²

◎主要建筑元素：露台，小院落，菜园大理石板铺面，砖砌高架种植床，石板小路，草坪和菜畦砖石砌边，带地基的月季拱门，带地基的木格架墙。

◎维护：割草，种植区维护（施肥、除草、修剪枯枝等），蔬菜及夏季花卉种植，树篱和树木修剪（每年 1 ~ 2 次），月季定期疏剪。

10
11
12
15
16
8
7
11
14
16
17
13
9

建筑元素

① 大理石板露台
② 小鸟浴盆
③ 木格架墙
④ 月季拱门
⑤ 砖石砌边菜畦
⑥ 抬高种植床

植物清单

⑦ 月季‘梅布尔·莫里森’、假升麻、白鸢尾、杂交天竺葵‘尼姆巴斯’
⑧ 杂交飞燕草‘晚霞’、西伯利亚鸢尾‘雪莉波普’、宿根福禄考、荷兰菊‘同船’、杂交天竺葵‘尼姆巴斯’
⑨ 蔬菜混种
⑩ 可食用香草，如细香葱、百里香、鼠尾草、独活草、薄荷
⑪ 月季‘塔劳的安馨’
⑫ 月季‘珊瑚晨曦’、铁线莲‘海浪’
⑬ 紫叶葡萄、猕猴桃‘瓦基’
⑭ 月季‘查尔斯磨坊’
⑮ 月季‘少女羞红’
⑯ 灌木月季‘波尔女士’
⑰ 果树，扇形

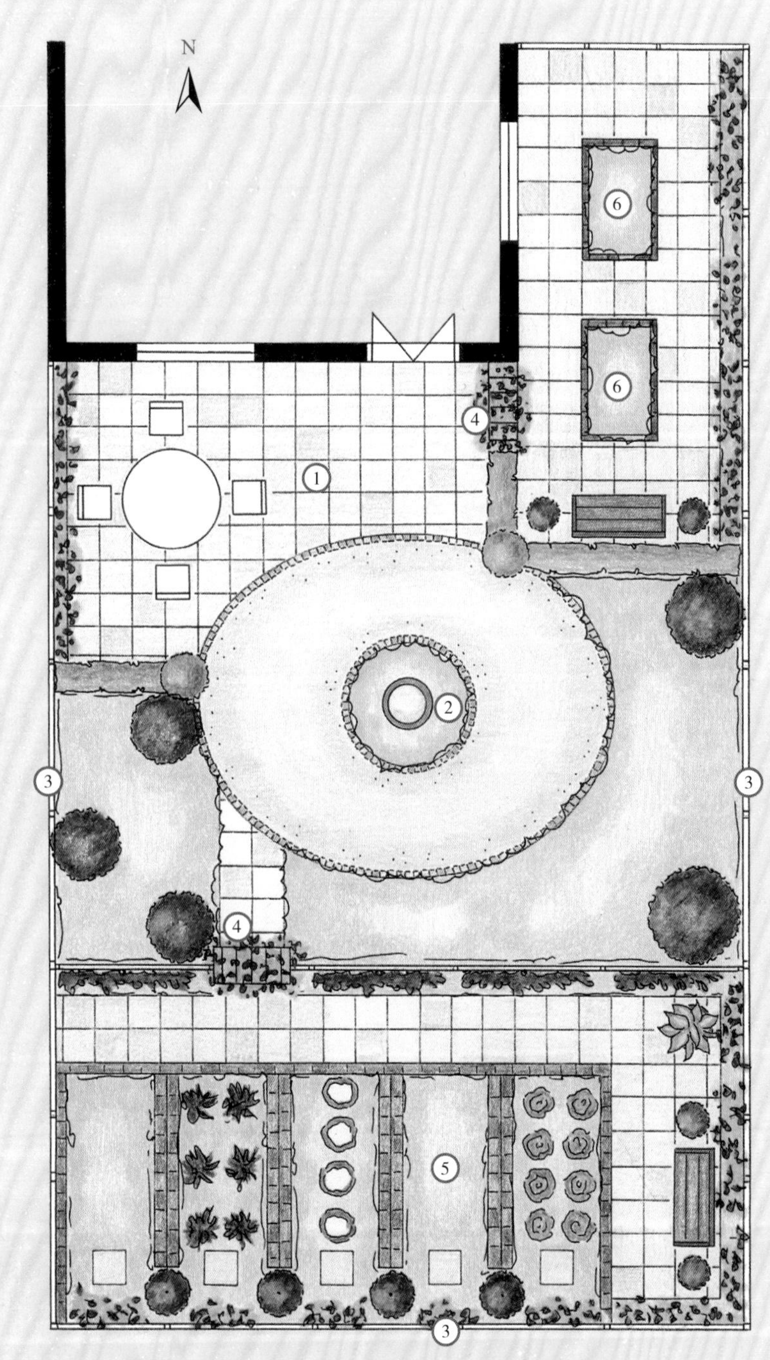

两种风格融合的花园

这个设计充分利用花园的L形地形，将其划分为两个完全不同的风格：一个是规整式，另一个是自由式。

规整式花园和花园其他部分之间使用修剪整齐的半人高常绿树篱做空间划分，并在绿篱上以插入式搭建了一个简易攀缘支架，上面布满了散发芬芳的月季。月季支架抬升了绿篱的隔离高度，但框架式的结构并未完全阻隔视线，而是给人一种透过“窗户”看风景的有趣感觉。

修剪工整的黄杨树篱在规整花园设计中用作花坛隔离非常常见，与枝繁叶茂的植物搭配也不显呆板拥挤。

从露台侧面穿过月季花架，即可到达呈“田”字形的规整式花园：中间为十字形大理石板小路，四角为矮树篱镶边的花坛。纵横两条小路的相交点以不同颜色砖石砌成方形，并在四角与树篱汇合处辅以球形绿植加以强调。横向小路尽头以一壁式喷泉做标识，和露台相对；纵向小路北向直达花园侧门，向南穿过月季支架和树篱隔离，踏入带月季凉亭的小草坪，进入自由式花园。月季凉亭半球形的设计不仅使遮阳功能加倍，隐蔽性也更强。凉亭东侧靠墙的狭长种植带中间放置一件装饰品，成为从另一侧花园进入的视觉焦点。

自由中不失规则

沿月季凉亭西行通过两株球形绿植搭建的“小门”，来到自由式花园。大片草坪被弧形的砖石镶边和周围的开花灌木种植带区分开，向北和露台相邻的交界处同样设置了两株球形绿植搭建的“小门”，与草坪另一侧出口的球形绿植呼应。从露台望去，一株小灌木静立在草坪中轴线上。随着季节的变化，春天的嫩叶、夏天的花朵、秋天的果实和叶色的变化，都一一映入眼帘。

自由式花园中的小路和种植带通常会采用曲线设计。

多样性种植

由于对花园空间做了划分，使得植物的品种选择也有了多种可能。比如在规整花园的花坛内有意识地控制植物数量能够起到强化工整外形的效果，或者在黄杨树篱间补种上常绿地被植物，如果想增加一抹色彩，可使用一种或两种彩色观叶品种。搭配一些春季开花的球根花卉也是不错的选择。它们不仅外观独特，也很好打理。假如不喜欢花园太过规整，可以尝试在两个不同花园空间种植不同花色组合的多年生品种。规整花园部分以白色、蓝色、黄色作主打色，自由式花园部分则以蓝色、白色、粉色搭配。甚至可以创建一个单色花园，也就是在一个或两个区域种植以一种花色为主的灌木或多年生植物。有经验的设计师则会利用亮色对比点缀的方法来增强美学效果。

一览表

◎花园面积：

（10m×11m）+（4m×4m）=126m^2

◎主要建筑元素：露台，大理石板小路，草坪砖石砌边，壁式喷泉，月季凉亭架（带地基和地面铺砖），带地基的月季支架，带地基的木格架墙。

◎维护：割草，种植区维护（施肥、除草、修剪枯枝等），树篱及树木定型修剪（每年1～2次），灌木定期疏剪（3～4年1次），秋季清理喷泉水泵。

17
14
8
10
19
9
11
16
18
15
12
14
13

建筑元素

① 露台，大理石铺面
② 木格架墙
③ 壁式喷泉
④ 木质月季支架
⑤ 装饰品
⑥ 月季凉亭
⑦ 草坪砖石砌边

植物清单

⑧ 福禄考（白色）、观赏鼠尾草（紫色）、月季（白色）、紫苑（白色和紫色）、斗篷草
⑨ 福禄考（粉色）、婆婆纳（白色）、红毛半毛茛（白色）、老鹳草（蓝色）
⑩ 夏日玛格丽特、粉红紫苑、老鹳草（蓝色），紫苑（白色和紫色）
⑪ 锦熟黄杨
⑫ 紫水晶浆果
⑬ 齿叶冬青‘斯托克斯’
⑭ 杂交山梅花‘白兰地’
⑮ 蓝花莸
⑯ 红蕾荚蒾
⑰ 月季‘第戎的荣耀’
⑱ 月季‘阿尔贝里克’
⑲ 海棠‘伊索’

充满童趣的家庭花园

这个设计优先考虑到每个家庭成员的需求，不仅有成人社交聚会的场所，也有儿童嬉戏玩闹的空间。

木质大露台

超大型木质露台从屋前经过拐角沿房屋一直延伸到花园侧门，分别设置了正前方的用餐社交区、拐角的沙坑游戏区和侧面的休息区。这样一来，无论在哪个方向都能关注到在沙坑玩耍的小朋友。等孩子长大不再需要沙坑时，可将其直接改建成喜阳植物花坛。

和用餐区相对的草坪尽头安置了风铃装饰，成为视线焦点。草坪南侧向东经过一条小路即可进入一个被多年生植物和灌木包围的小草坪，草坪上伫立着一个专门为小朋友搭建的别致的柳条帐篷。其北面相邻的种植区铺设了两条不同方向的石板砖路，一条通向西侧草坪，一条通向露台。

给孩子们专门划出一小块区域，让他们自己负责在里面种些花卉类、浆果类植物，激发他们对园艺的热爱。

儿童乐园

在小草坪上搭建一个柳条帐篷，为孩子们开辟一处不受打扰、可以尽情玩耍的地方。周围的植物建议尽量使用比较结实的灌木或多年生地被品种，这样即使被孩子们用球击中也不会造成太大伤害。草坪上最亮眼的柳条帐篷掌握几个小技巧后完全可以自己动手搭建：其一，选择的柳条品种必须是保证能够发芽的品种；其二，柳条至少埋入地下半米深，在生根发芽之前一定要保持土壤湿润，否则很容易干枯。

此外，将此处周边部分种植区划分出若干小块土地交给孩子们侍弄，是激发他们对园艺产生兴趣的好方法：面积不要太大，每人1m^{2}足够，自己决定种什么，怎么种，怎么照料。那些能吃的、外观漂亮的、生长期容易发芽结果的品种都是放手一试的好选择，比如草莓、水芹、小萝卜、南瓜、胡萝卜、欧芹、风铃草、向日葵、旱金莲等。

容易搭建的柳条帐篷，深受小朋友喜爱。

一览表

◎花园面积：

（10m×11m）+（4m×4m）=126m^2

◎主要建筑元素：木质露台，沙坑和相关配备设施，草坪砖石砌边，脚踏石板，带地基的风铃，柳条帐篷，带地基的木格架墙。

◎维护：割草，种植区维护，灌木修剪（3～4年1次），沙坑维护（更换沙子，2年1次），柳条帐篷维护（编织新柳条或剪掉过长枝条）。

13
15
20
12
22
14
16
15
17
7
12
21
11
14
8
7
18
15
19
10
18
9
15
17

建筑元素

① 木质露台
② 沙坑
③ 木格架墙
④ 脚踏石板路
⑤ 柳条帐篷
⑥ 风铃

植物清单

⑦ 西伯利亚鸢尾、玉簪、老鹳草(紫色)、斗篷草、肺草
⑧ 高加索勿忘我、巨根老鹳草
⑨ 林石草
⑩ 婆婆纳‘蓝色金字塔’、玛格丽特
⑪ 紫苑、凤尾蓍
⑫ 灌木月季‘露西亚光女王’
⑬ 灌木月季‘雪球’
⑭ 红蕾荚蒾
⑮ 珍珠绣线菊
⑯ 金连翘‘黄金魔法’
⑰ 溲疏‘白云’
⑱ 北美十大功劳
⑲ 贴梗海棠‘蛱蝶’
⑳ 铁线莲‘超级杰克’
㉑ 美国梓树
㉒ 太白樱

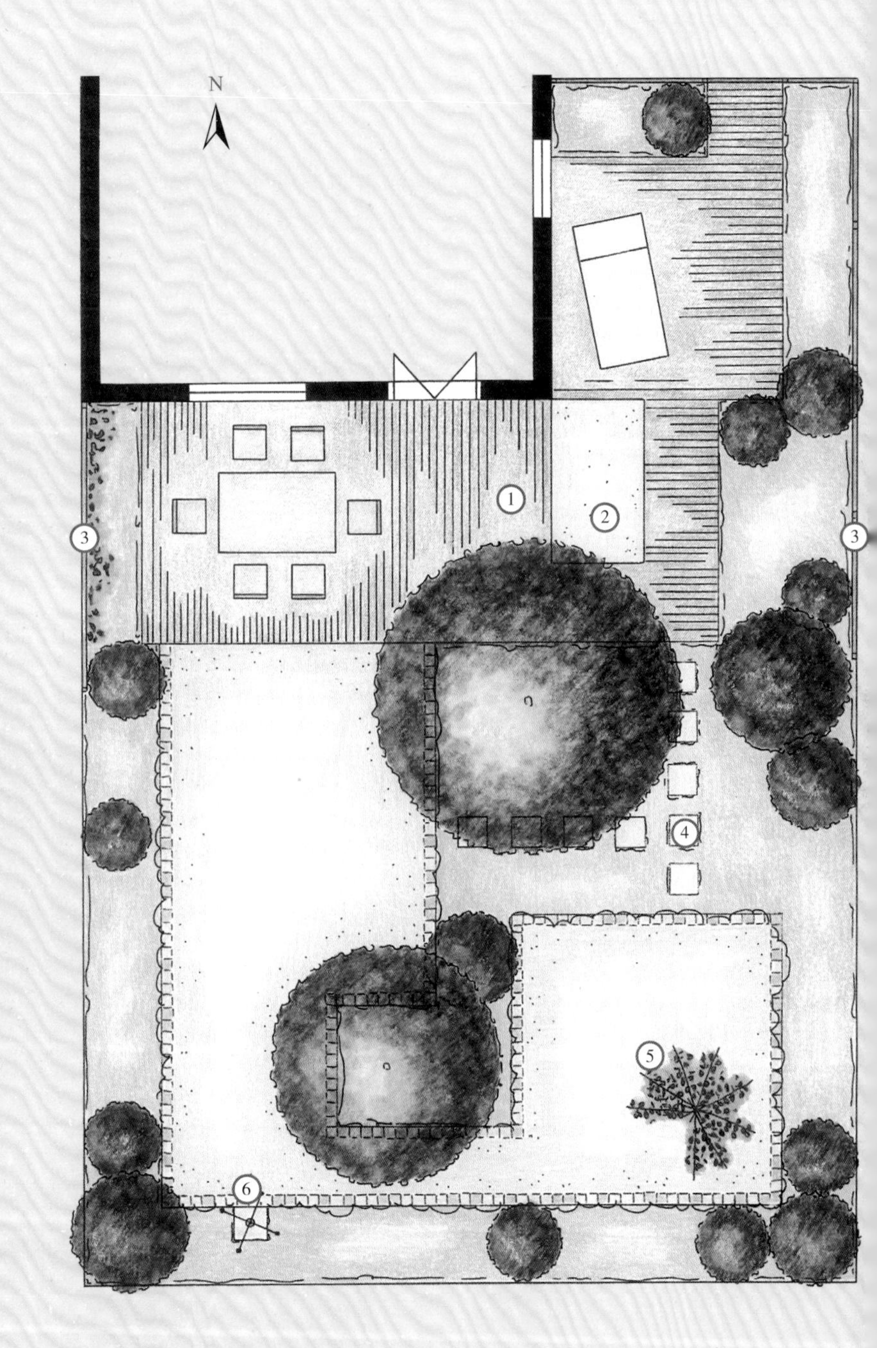

较大型
独立花园

对称式方形花园

这个对称式花园采用了非常严谨且简洁的设计：利用对角线对正方形花园进行空间划分并确定焦点；谨慎选择植物品种的同时兼顾各个季节的色彩，尤其是秋天。如此一来，无论是易护理的种植区还是单棵乔木，都能在各个季节展现出特有的颜色。

水景池的观赏角度

正方形花园以西北(露台) —东南(水景池)走向的对角线为主轴，东北—西南走向的对角线为辅线，划分为露台区、种植区、草坪区和水景池。从露台放眼望去，目光所及之处即是庭院尽头的水景池：清澈的水面上倒映着樱桃树风中摇曳的身姿；修剪整齐的树篱以左右护卫之势半遮掩了水景池全貌，反而激起大家一探究竟的好奇心。从木质露台出发沿主轴前行，首先进入种植区：多年生开花植物为露台遮阳，两株小树冠红花槭伫立在石板路两侧，像两个“门柱”强调着对角线走向。紧挨着种植区的草坪细长平坦，为室外游戏、休息提供宽敞空间。穿过红花槭“门”和树篱之后，便来到水景池。水池旁的长椅发出无声的邀请——休息片刻，静下心来，欣赏美景。

经过修剪的树木及树篱强化了规整花园的正式感。

静思

波光粼粼的池水，精挑细选的乔木，全年绽放美丽花朵的多年生植物给这个“池塘花园”营造出一种静谧的氛围，让人流连忘返。花园两侧隔离墙前的狭长种植区内仅以几棵树木和灌木月季为主打，配以生命力旺盛的萱草和老鹳草这类地被植物，维护简单。特别值得一提的是老鹳草叶香袭人，能迅速形成密集的覆盖层，耐旱，秋天叶色变成黄色或红色，更有许多品种花色极其美丽。

水景池的矩形设计强调了规整花园的线条感。水生植物越少，水景池对周围环境的镜面反射效果越好。

木质地板、砖石铺路和种植区共同打造出“暖色系”背景，将夏末秋初众多灌木和多年生植物的色彩衬托得格外艳丽。比如每年从9月起就红得像火的槭树，以及观赏樱桃、黄杨树篱和多年生小檗、老鹳草等。

一览表

◎花园面积：14m × 14m=196m^2

◎主要建筑元素：木质露台，砖石铺路，水景池。

◎维护：割草，种植区维护，树木和树篱修剪（每年1～2次），灌木疏剪（3～4年1次），水景池维护（水池清洁、水生植物护理、秋季排水）。

15
9
10
11
12
6
9
8
15
5
14
5
13
6
7
12
11
5
6
11

建筑元素

① 木质露台
② 花园墙
③ 砖石铺路
④ 水景池，砖石砌边

植物清单

⑤ 杂交萱草‘海伦·冯·施泰因’
⑥ 大根老鹳草‘英格森’
⑦ 岩白菜‘埃罗卡’
⑧ 汉拿山落新妇‘紫色长矛’、芍药、阔叶风铃草‘阿尔巴’、紫松果菊‘红宝石星’、林荫鼠尾草‘东弗里斯兰’、紫苑‘海因茨·理查德’、杂交矾根‘梅子布丁’
⑨ 麝香月季‘芭蕾舞女’
⑩ 食用香草
⑪ 杂交山梅花‘美好时光’
⑫ 锦熟黄杨，球形
⑬ 桦叶鹅耳枥
⑭ 八重红枝垂樱
⑮ 红花槭‘斯坎伦’

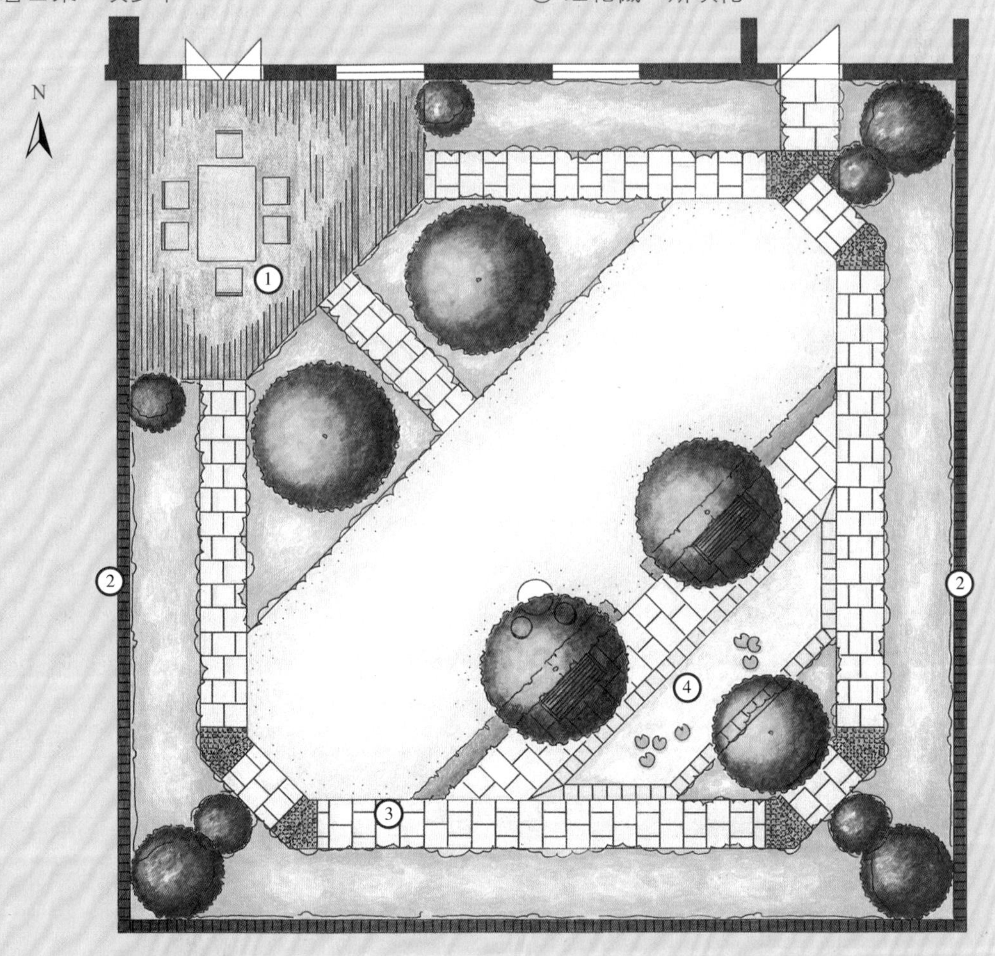

日式花园

将植物、奇石、流水、木板和谐地组合在一起，是日式花园的特点。这种设计方法融合了宗教特色和远东哲学思想。欧洲园艺者很难触及其精髓并以此为基础创造出传统正宗的日式花园。然而，经过深思熟虑的植物组合、精心细选的材料和宁静致远的氛围——如果能将这些设计特点融入欧式花园，也能打造出非常有特色的花园。

木质露台南侧的小块种植区内，翠绿的青竹为夏日的休息区遮挡阳光，旁边极具日式风格的竹管汲水池十分引人注目。从露台出发向东缓行，穿过草坪，途经佛像雕塑后，来到用天然石材砌成的水景池，一旁放置有石凳方便休息。

竹管汲水池强化了日式花园水元素的重要性。

天空之窗

水在日式花园中的重要性举足轻重。水面不仅能反射光线，还能映射天空：这是日式花园的最高追求——天地合一。

植物和湛蓝的天空倒映在池水中，像画一般迷人。水景池和石凳四周为狭长种植区，种满了半喜阴的多年生植物。房屋玻璃门窗前的种植带内所种的植物经过精挑细选，一年四季都能以不同方式绽放。如此一来，即使身在室内，也能随时欣赏到花园美景，感受到四季变化。

柳条编织的围栏、砾石小路、石板路……
不同色彩、形态、质感的元素共同塑造出一个多样的日式花园。

花和叶

为达到与木本植物最佳的搭配效果，对多年生植物品种的选择应更注重叶子的质地、纹理和颜色的变化，其次才是花朵。比如不同品种的玉簪、落新妇、紫荆花、萱草(野生)、源于亚洲的淫羊藿、常绿麦冬(独特的草状叶片能完美地覆盖地表)、花叶俱美的风铃草、高矮不一的观赏草(有的颜色非常罕见)和蕨类植物。一条由两种不同形状石块铺设的石板路自木质露台开始，穿过草坪，顺沿房屋外墙旁的砾石路直达花园大门。

一览表

◎花园面积：（7.5m×14.5m）+（2.2m×10m）+（1.5m×3m）= 135.25m^2

◎主要建筑元素：木质露台，水景池和石凳，竹管汲水池，砾石铺地，房屋旁砾石带，石板路，带地基的木格架墙。

◎维护：割草，种植区维护，树篱和树木造型修剪（每年1～2次），水景池维护（定期清水，春季修剪水生植物，秋季清理水泵）。

12
9
18
20
17
10
19
13
15
16
14
11
12

建筑元素

① 木质露台
② 汲水池
③ 石板路
④ 日式石灯笼
⑤ 佛像
⑥ 水景池，砖石砌边
⑦ 石凳
⑧ 柳条编织围栏

植物清单

⑨ 林石草、蕨类
⑩ 疗肺草、玉簪、落新妇‘歧途’
⑪ 萱草、落新妇‘新娘头纱’、杂交岩白菜‘银光’、麦氏草‘风铃’、薹草‘银杖’
⑫ 神农箭竹
⑬ 桦叶鹅耳枥
⑭ 圆锥绣球‘九州’
⑮ 杂交杜鹃‘宝莹’
⑯ 金色满月红枫
⑰ 红蕾荚蒾
⑱ 粉紫杜鹃‘帕莱斯特丽娜’
⑲ 八重红枝垂樱
⑳ 瓜皮槭

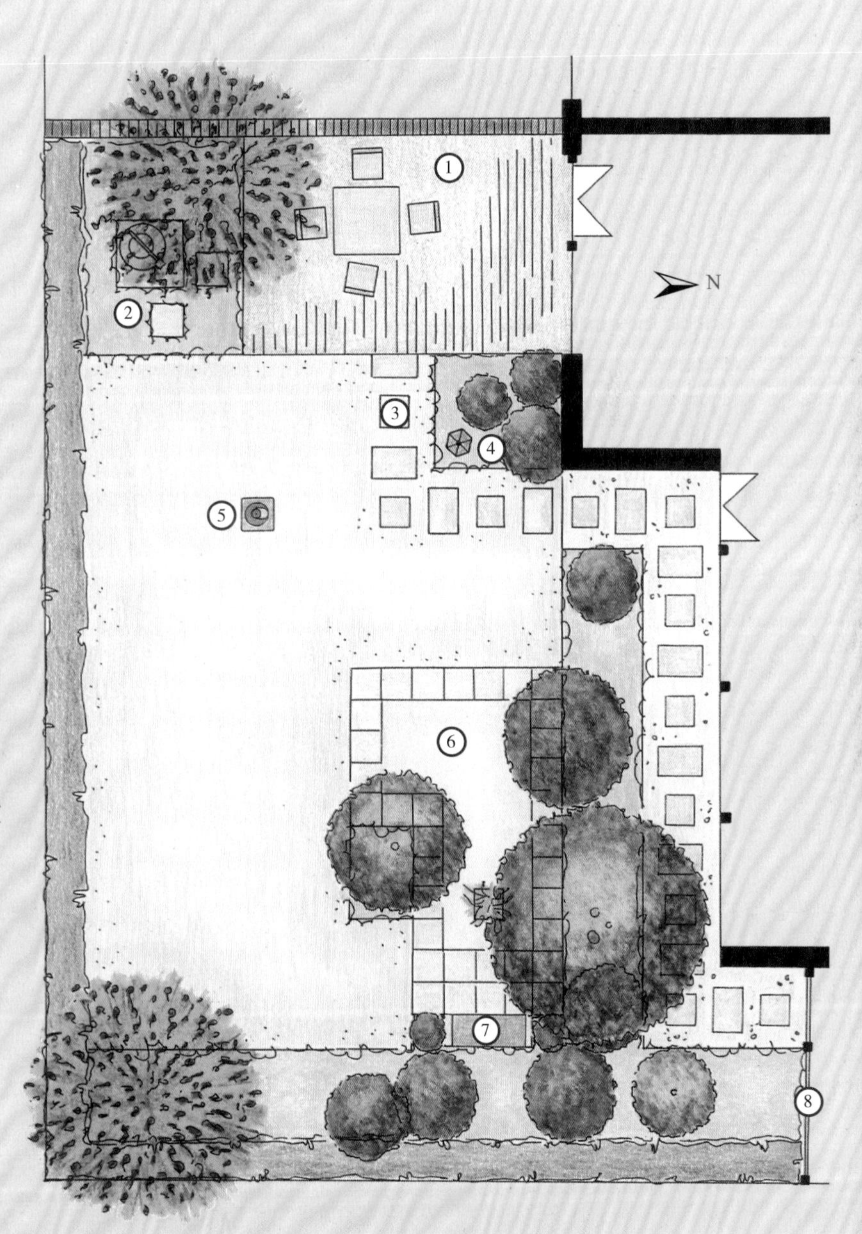

规整式花园

这款设计中花园并未被细分而是当作一个整体来处理。规整设计并不等同于直线形边框：此处黄杨树篱的弧形线条流畅的走势，在做空间划分的同时淡化了中规中矩的棱角感。花园呈轴对称结构，纵轴和横轴相交于草坪中央的中心花坛——这正是规整设计的典型特征。

半圆形露台对面是一个同样呈半圆形的平台，浅色大理石铺面上有一半圆形水景池。水景池及平台均以马赛克砖块镶边(大圆套小圆)。嵌入墙内的水龙头源源不断地喷出水来，水花四溅，景色宜人。

规整的几何形状及黄杨树篱镶边的花坛是规整式花园的经典设计元素，方便植物分类种植。

花园中心——抬高式种植花坛

花园草坪中央是一个抬高式花坛，采用与水景池相同的材质砌成。中间一株小树(紫藤)界定了花园的高度，春天花簇美丽动人，其不规则的树冠形状和花园简洁的线条形成鲜明对比。如果喜欢大树带来的遮阳效果，并想提升花园高度和重心，可将高架花坛改造成和草坪齐平的圆形种植区，这样更适合种植高大树木。在花园东西横向轴心线两端各安放了一张长椅，四周环绕树篱，驻足休息时还可以欣赏美景，倾听水声。

砖石砌边的水景池被绿色植物团团围住，尽显自然之美。

圆锥形和球形

花园四个角落各有一株修剪成圆锥形的乔木，用来界定整个花园的高度。黄杨树篱上方别出心裁的球形修剪，像是给树篱戴了顶王冠。实际上在规整花园的设计元素中(比如平坦的草坪、修剪成整齐矩形的树篱等)融入外形略微松散的植物，在强烈的对比效果加持下反而更令人印象深刻。阳光充足的种植区推荐使用多年生植物组合，比如飞燕草、福禄考、风铃草、萱草、紫苑等，再辅以一些小型灌木月季填充。

一览表

◎花园面积：$10m \times 15m = 150m^2$

◎主要建筑元素：花园外墙，露台，水景池，平台，长椅休息区，砖砌高架种植床。

◎维护：割草，种植区维护，树篱和树木修剪（每年 1 ~ 2 次），水景池维护（定期清水，尤其是春季；秋季清理水泵）。

6
7
6
8
9
7
6
6

建筑元素

① 露台大理石铺面，马赛克砖石镶边
② 花园墙
③ 木质长椅休息区
④ 砖砌高架种植床，马赛克砖石镶边
⑤ 水景池，马赛克砖石镶边，大理石铺面

植物清单

⑥ 杂交飞燕草‘庙公’、乳白花风铃草‘普里查德’、萱草‘玛约’、杂交萱草‘玛丽托德’、宿根福禄考‘帕克斯’、林荫鼠尾草‘主夜’、紫苑‘视觉盛宴’
⑦ 欧洲红豆杉，柱状
⑧ 白花紫藤
⑨ 锦熟黄杨

自由式花园

这个花园的特点在于将整个花园视为一个整体空间后采用开放式的设计：弯弯曲曲不间断的不规则线条轻轻掠过长方形花园，砖砌墙体的硬朗线条不经意地被四周包围的植物所淡化。种植区的弧形边缘自然地勾勒出草坪的边界，无论身处何地，都有一个令人惊喜的观赏视角。

圆形砖石砌面休息区与自然式种植非常契合。

流畅的线条

房前近似半圆的露台(砖石铺面)一直向西变窄后延伸至车库门前。弧形的砖石隔离线一侧为种植区，另一侧是草坪区。为了强调界限感，在浅色砖石铺面上使用了深色砖石勾勒线条。当然，如果认为这种设计过于复杂或花费太高，可以不做色彩区分而直接铺成统一颜色。

阳光和遮阳

露台前一条狭长种植带隔开休息区和草坪区，这种半环抱的方式让人感觉安全而舒适。花园东部露台铺面、草坪和种植区三者交汇处有一个圆形砖砌水景池，非常惹人注目。与沐浴在阳光下的露台不同，西南方砖石铺面的休息区在旁侧大树的遮掩下是乘凉的好去处，其圆形铺面不仅和花园弧形线条相匹配，也和露台的圆形设计相呼应。一条脚踏石板路从休息区引出，穿过种植区到达草坪，便于植物维护。

种植区和草坪边界的分隔线蜿蜒不断地穿行于花园之间，
淡化了硬朗的边角，有助于空间设计。

露台四周的种植区非常适合喜欢阳光的多年生植物，再辅以月季或小灌木。院墙阴凉处和树木之间，或树木下方半阴、全阴处是耐阴的多年生植物的栖息地。也可以选用攀缘植物作为部分院墙装饰，比如和多年生植物相处融洽的各色攀缘月季。夏季能欣赏到别致的叶形和浓浓的绿意，秋季渐变的火红色则是最美的一抹色彩。

一览表

◎**花园面积**：10m×15m=150m^2

◎**主要建筑元素**：花园墙，露台，砾石路，水景池砖砌铺面，休息区，草坪区外界砖砌镶边。

◎**维护**：割草，种植区维护，灌木定期疏剪（3～4年1次），水景池维护（定期清水）。

15
17
16
7
14
18
21
13
8
12
19
9
20
10
11
10

建筑元素

① 露台，波浪形图案铺面
② 水景池，带砖石铺面
③ 草坪区和种植区砖石砌边隔离
④ 脚踏石板路
⑤ 遮阴休息区
⑥ 院墙

植物清单

⑦ 堆心菊‘圆日’、宿根福禄考‘雅歌’、金光菊、杂交一枝黄花‘璀璨的皇冠’、猫薄荷
⑧ 淫羊藿、疗肺草、蕨类
⑨ 长叶婆婆纳‘蓝宝石’、桃叶风铃草‘大花阿尔巴’、蓝色老鹳草
⑩ 金连翘‘黄金魔法’
⑪ 拉马克唐棣
⑫ 北美十大功劳
⑬ 桂樱‘奥托·卢肯’
⑭ 山梅花‘雪暴’
⑮ 火焰卫矛
⑯ 灌木月季‘白雪公主’
⑰ 藤本月季‘金星’
⑱ 白月季，费森杂交荆芥
⑲ 黄月季，费森杂交荆芥
⑳ 地锦‘维奇’
㉑ 金叶海棠

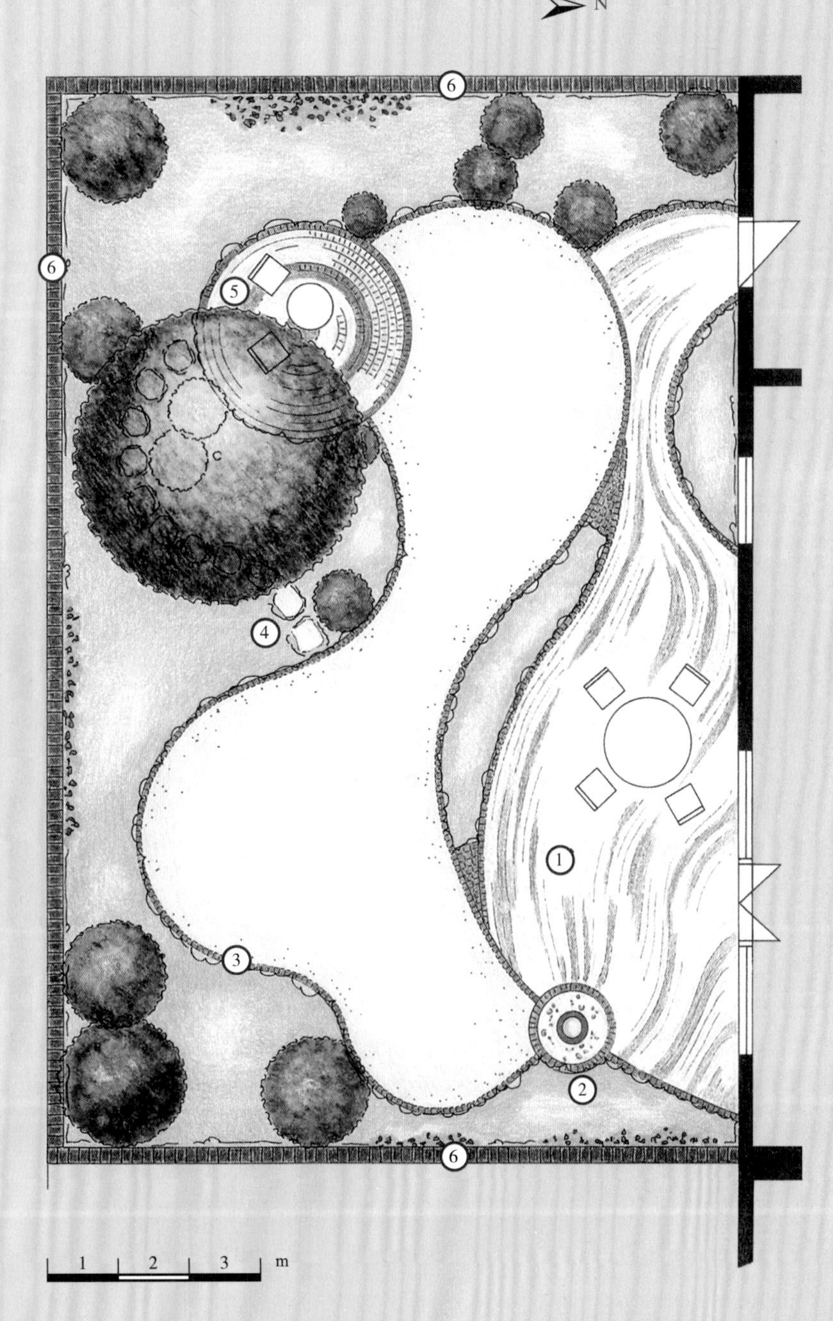

规整坡地花园

当花园地势以一定角度向下倾斜，存在高低差时，我们称之为坡地花园。这类花园的设计宗旨是，用最小的成本投入，获得最大的平坦种植区，提高花园土地利用率。

这个花园房屋前的露台并不宽，以留下更多的种植空间。将露台铺上极具亲和力的淡色大理石砖，安置几把躺椅，即可成为与朋友闲聊聚会的好去处。作为花园制高点，从这里能清晰地看到整个花园的对称结构。

梯田式花坛

整体花园以南北向中轴线做了轴对称的几何设计。中轴线上用大理石铺设了一条带阶梯的路径，途经梯田式花床后直达南部草坪区的一处月季凉亭(内置避暑长椅)。月季凉亭两侧的种植区分别向东西延伸至花园边界，东西边界处各有一长方形小水景池。水景池北侧和中轴线阶梯之间为低矮的砖砌挡土墙，挡土墙上方因与种植区齐平而“消失”。以砖石镶边的两条狭长种植带从水景池向北

修建挡土墙建立梯田式种植区，可防止土壤滑坡。在墙头、台阶缝隙处种些绿植非常漂亮。

顺院墙延至露台，其四个角落以修剪成球形的树木突出了规整式花园的特点。花园中央有四个梯田种植床，与大理石路面呈水平状，侧面草坪都有坡度，所以不需要或只建极低的挡土墙即可。种植床的地理位置非常适合喜光的半人高多年生植物和地垫状植物，建议使用小型灌木或月季混合种植。种植床中心小型开花植物的鲜艳花朵与角落整齐浓绿的黄杨树篱，及花园两侧狭长种植带形成鲜明对比。

凉亭上方攀爬着盛开的月季，芳香袭人，是舒缓心情的好去处。

内置球体的壁龛

从月季亭台沿石阶向露台缓行，会惊讶地发现在露台楼梯平台下有一壁龛，内置彩色球体。当然，你完全可以根据自己的喜好置换成其他装饰品，比如球形灯或球形喷泉等。

一览表

◎花园面积：

（13m×12m）+（4m×2m）=164m^2

◎主要建筑元素：露台，带壁龛的楼梯平台，安装栏杆的石墩，有台阶的石板路，草坪砖石镶边，挡土墙，砖石铺面，水景池，带座椅的月季凉亭，带地基的木格架墙。

◎维护：割草，种植区维护，草坪修剪，树木修剪（每年1～2次），灌木定期疏剪（3～4年1次），水景池维护（定期清水，春季水生植物修剪和施肥）。

13
13
9
9
8
8
11
11
10
10
12

建筑元素

① 露台大理石铺面
② 木格架墙
③ 带壁龛的楼梯平台
④ 砖石砌成的挡土墙
⑤ 水景池，砖砌
⑥ 月季凉亭
⑦ 木格架墙

植物清单

⑧ 月季‘博尼塔’、羽瓣石竹‘阿尔巴舞’、轮叶金鸡菊‘月光’、林荫鼠尾草‘马库斯’、风铃草‘深蓝卡扣’
⑨ 爱尔兰常春藤
⑩ 杂交飞燕草‘长矛手’、黄花唐松草、大花荆芥、大滨菊、白花血红老鹳草
⑪ 思佩红瑞木
⑫ 草原樱桃
⑬ 月季‘科尔德斯’‘金星’、铁线莲‘超级杰克’

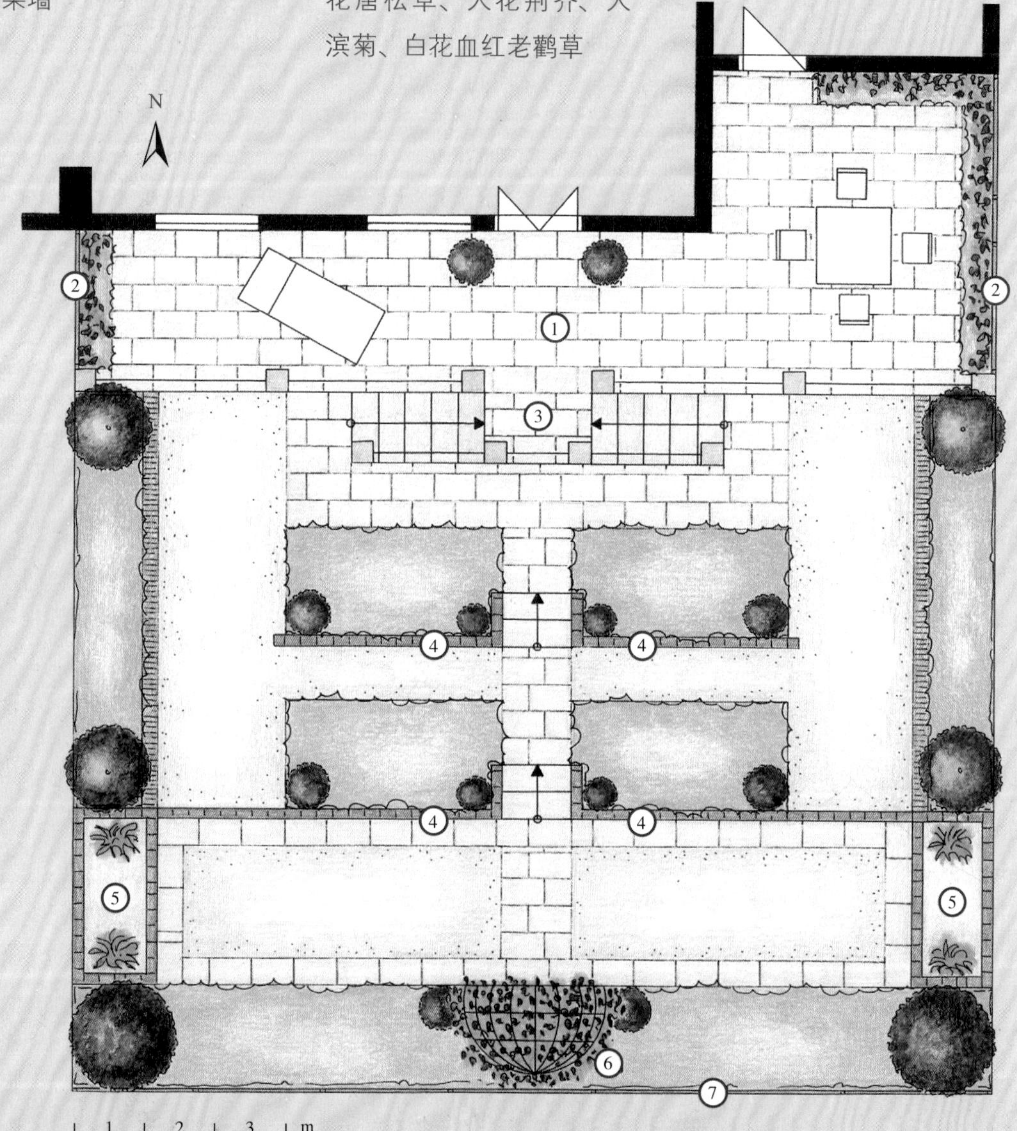

房屋内庭花园

日式内庭花园

这是一个将植物、奇石和流水等不同元素和谐地糅合在一起的日式设计。置身于这个面积不大的庭院，丝毫不觉拥挤和杂乱。

没有五颜六色的鲜花，仅用流水、奇石和绿植也能创造出和谐的花园景色。

木质露台横贯整个房屋前方，拥有欣赏水景池的最佳视角。毗邻露台的水景池面积不大，但映射的光线和天空依然满足了“天空之窗”的功能，是日式花园最具有象征性的元素之一。为了和整体花园设计相匹配，水景池内舍弃了水生植物，仅放养了几尾日本锦鲤。离开露台，踏上石板路进入内花园，首先映入眼帘的是院墙角落的一块大石，其下引出一条砾石小路沿对角线方向蜿蜒而行，由窄及宽穿过花园，直至将水景池纳入其中。

象征元素的应用

日式花园喜欢用小景观寓意大世界，所以某些元素(如植物、石头、水等)会被赋予特殊的象征意义再加以使用。比如院墙角落的大石代表了“高山”，其下的砾石小路则是源于“高山”的潺潺“流水”。顺“流”而下，跨过一座“小桥”(置于砾石路上的两块窄石板)，穿过一片“树林”(种植区内的各种绿植)便来到一处安放了红色木椅的休息区。长椅正前方有一株鸡爪槭，坐在这里，能近距离仔细观察到叶片的纹理质地和树木一年四季不同时节的生长变化，令人不禁赞叹自然之美，进而感悟人生。砾石区的大树旁几株被修剪成半球形的杜鹃，被用来代表“小山”或“丘陵”。

叶形和叶色

这个庭院的植物主角并不是花朵(杜鹃除外),而是具有不同叶形、叶色和质感的叶片,比如细长嫩绿的竹叶、蕨类植物的羽状叶片、玉簪叶的别致纹理、斗篷草毛茸茸的银色发状叶,无不彰显了叶形和叶色的多样性。

秋冬季的景致变化更是美不胜收。水景池旁的鸡爪槭深秋季节呈现出明亮的橙红色,与相邻的木质红椅互相呼应。被吹落的叶片零零散散地漂在水面,深暗的水色映衬着明亮的橙红,提醒着人们季节的变迁。绣球和异株五加在秋冬落叶之后,展现出与众不同的枝丫,在常绿冬青、杜鹃,及白色院墙的衬托下,成就了一幅美丽的水墨画卷。

不同大小的石块、不同质感的地面和不同形态的绿植组合，效果极具美感。

一览表

◎花园面积：8m × 8m=64m^2

◎主要建筑元素：木质露台，石砌水景池，砾石小路，脚踏石板路和休息区，巨石。

◎维护：种植区维护，树木修剪（每年1～2次），砾石路表面清洁，水景池维护（定期清水，特别是春季，秋季清理水泵）。

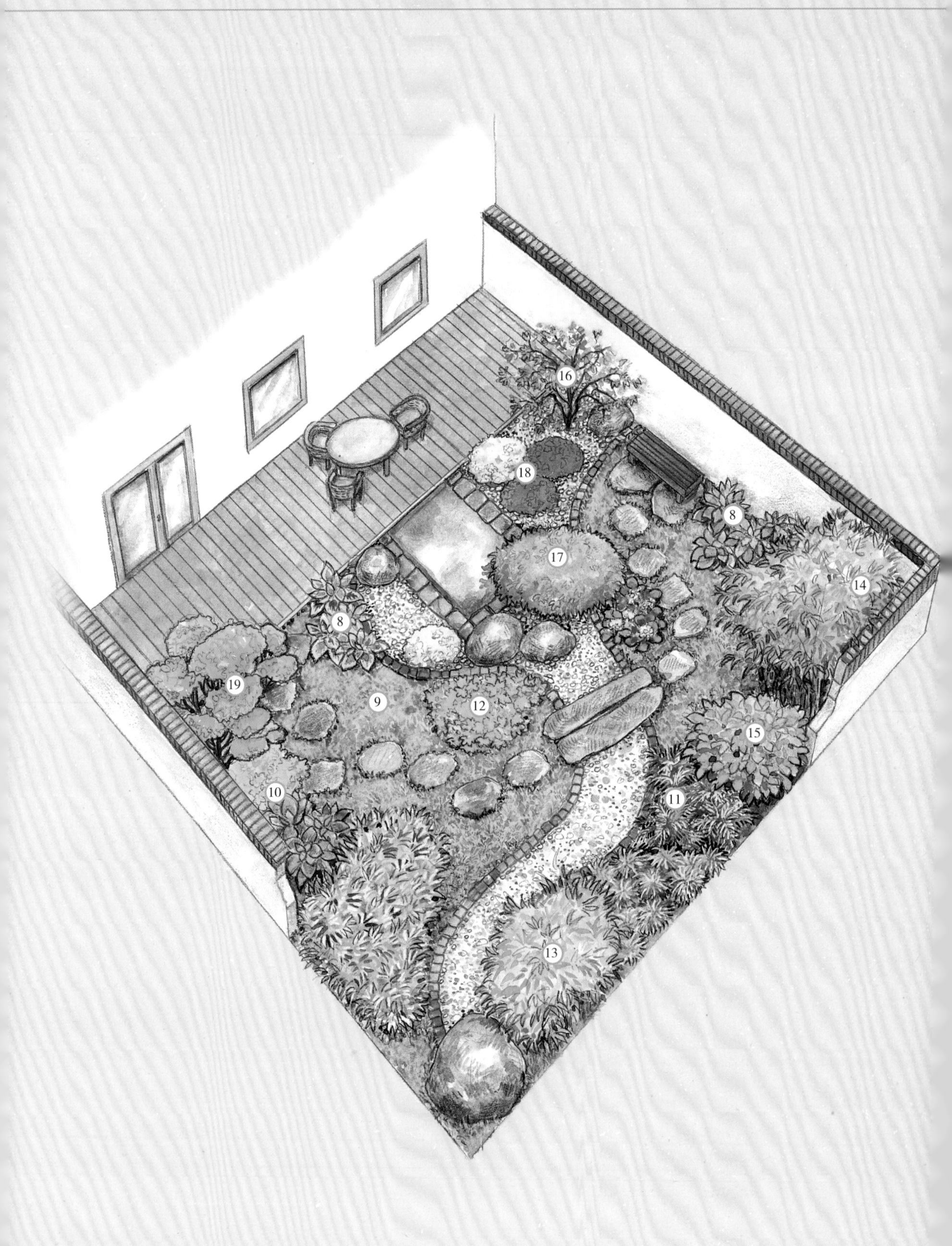
16
18
8
17
14
8
19
9
12
15
10
11
13

建筑元素

① 木质露台
② 院墙
③ 水景池，砖石砌边
④ 脚踏石板路
⑤ 巨石
⑥ 砾石路，砖石砌边
⑦ 休息区红色木质长椅

植物清单

⑧ 狭叶玉簪‘银缘’、玉簪‘巨父’
⑨ 山芫荽
⑩ 玉簪‘巨无霸’、斗篷草、菲黄竹
⑪ 薹草‘银杖’、蹄盖蕨‘红衣女郎’
⑫ 柔毛羽衣草
⑬ 神农箭竹‘辛巴’
⑭ 神农箭竹
⑮ 马桑绣球‘猕猴桃’
⑯ 异株五加
⑰ 鸡爪槭
⑱ 东洋杜鹃、杂交杜鹃‘白钻’、粉紫杜鹃‘莫尔海姆’
⑲ 齿叶冬青

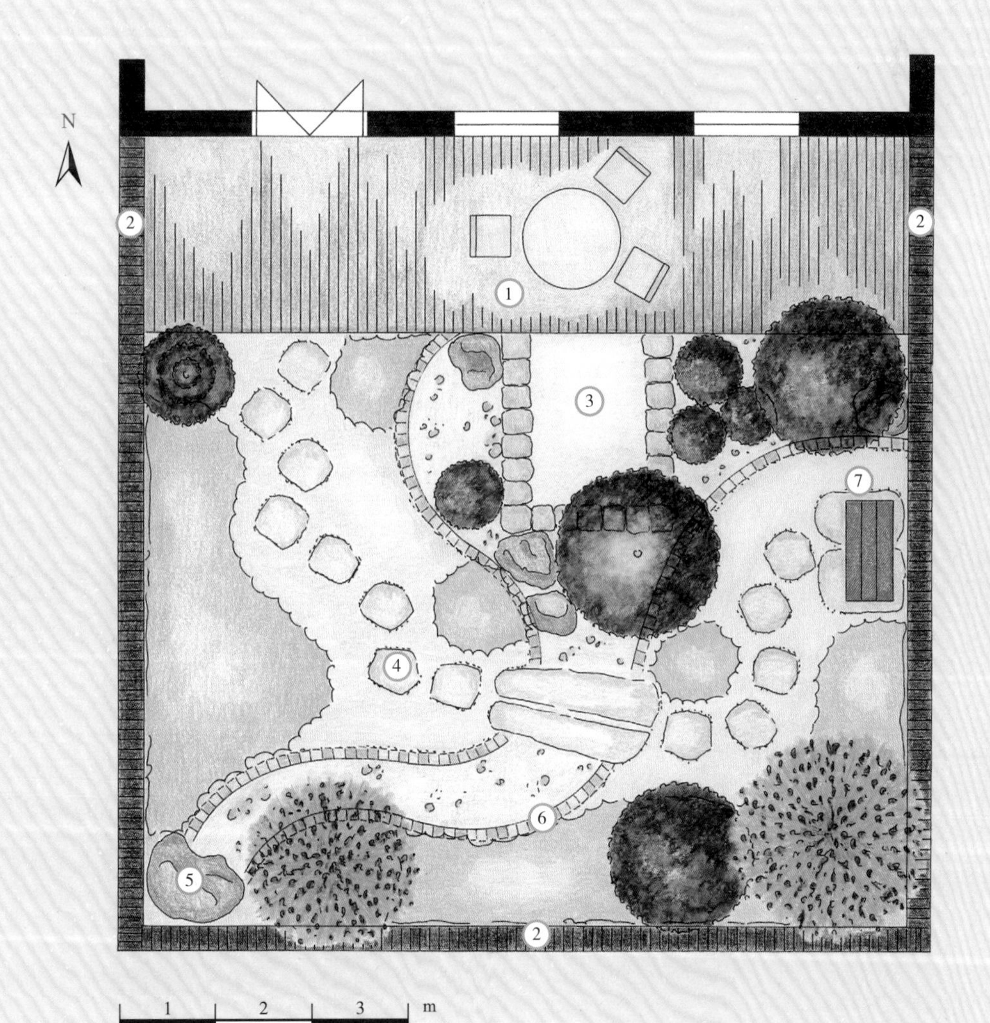

规整内庭花园

这个位于市区的小花园采用规整对称设计，再配上精选的“家居式”家具，被成功地打造成“花园屋”，拓展了室外生活空间。

别具一格的大理石铺面

庭院中央大范围使用大理石铺面，为户外用餐或好友聚会提供足够的空间。将活动区有意识地降低一个台阶高度的设计(与周围种植区相比)，让人有一种被四周繁花包围的安全感。颜色深浅不一的正方形石板砖以棋盘图案对角线排列，清晰的线条、经典的配色，呈现出永不过时的优雅，如同室内地板空间的延伸，教科书式地阐释了砖石铺面图案设计对于提升整体装饰效果的重要性。如此大的铺砌区域，在建造初期就必须同露台、阶梯一样提前设定好排水系统：可以在院内地势最低处增设一个排水口(位置必须隐蔽，不能破坏整体美感)。

球形喷泉成功将水元素引入花园设计。

用颜色提升亮度

由于南侧高楼的遮挡导致花园光照不足，因此在选择灌木和多年生植物时尽量挑选浅色花和叶的品种：自带“发光”效果的白色、黄色或奶油色能点亮花园的阴暗角落，给人以阳光充足的印象。其实只要注意观察就会发现，这种配色“技巧”非常普遍。比如在大树附近或底部是看不到红色、紫色或深蓝色花朵的，因为大部分以昆虫授粉的植物，会因光线暗淡而导致昆虫看不见深色花朵，进而限制了其自然繁殖。种植区四个角的四株圆锥形的黄色针叶紫杉树界定了花园高度，与球形黄杨、球形灯和球形喷泉在外观上形成鲜明对比。

种植区内不仅有令人瞩目的各色花卉，比如大花萱草、大丛的落新妇等，还有众多的叶色和叶形烘托对比：条状的萱草叶片、大而有光泽的玉簪叶片、深色革质的厚叶岩白菜叶片等。常绿灌木和多年生植物即使在冬季也能顽强地展现出绿色。黄色斑叶的常春藤布满整个南侧高墙，营造出洒满阳光的错觉。东西侧墙正中各悬挂了一面上顶为圆弧状的装饰镜，镜中的影像反射像是在墙上开了两个通向他处的侧门。装饰镜在夜晚反射出球形灯的灯光，令人犹如置身魔法世界。

多用途的球形灯以一种独特的方式照亮了黑暗。

一览表

◎花园面积：8m × 8m=64m^2

◎主要建筑元素：大理石板铺面，下沉地面挖掘，石材镶边，球形喷泉和球形灯，装饰镜。

◎维护：种植区维护，树木定型修剪（每年 1 ~ 2 次），水景池维护（定期清水，尤其在春季，秋季清理水泵）。

10
6
11
8
6
7
12
7
9
8
10

建筑元素

① 休息区大理石铺面
② 球形灯
③ 木边框装饰镜
④ 院墙
⑤ 球形喷泉

植物清单

⑥ 萱草‘限量版’、玉簪‘巨无霸’、岩白菜‘布拉姆斯’
⑦ 花叶蔓长春
⑧ 厚叶岩白菜、玉簪‘巨无霸’、落新妇‘钻石’
⑨ 杂交橐吾‘权杖’
⑩ 欧洲红豆杉‘斋菜’
⑪ 锦熟黄杨
⑫ 常春藤‘金色之心’

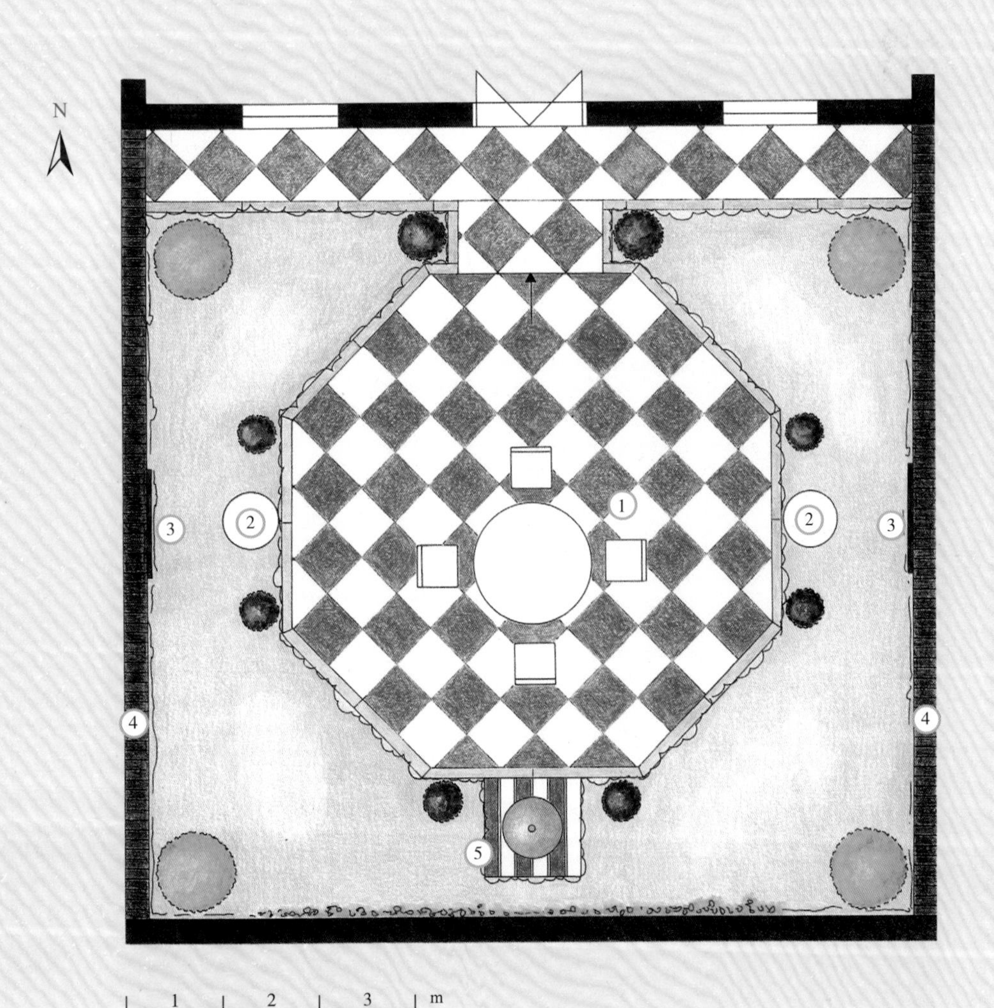

易维护的内庭花园

这个面积不大的精致小花园，有一种另类“居家感”，舒适且容易打理，完美阐释了为什么近几年所谓的“花园生活”理念如此受推崇了。

除了休息区座椅外，花园四周全部设计成长条状的高架种植床，内置精挑细选的各种小灌木和多年生植物。

这种抬高的种植床无须弯腰就能轻松打理植物，极大地减轻了工作负担。

高架种植床的高度方便观察和打理植物，且外观漂亮，与长木椅结合更加实用。

花园的东北角有一转角座椅，是亲朋好友相聚的活动区。座椅底座由砖砌而成，上方木制座椅设计成折叠式，平日可用于存放园艺工具或椅子坐垫等。

环绕大树一圈的座椅，是享受日光浴或纳凉的好地方。

高架种植床和遮阳树

院落中央一株小树冠乔木界定了园中植物的生长高度，夏季花开芬芳，秋季叶色迷人。以其为中心建造了八角形高架种植床，四周环绕木椅，所用材料和设计方式完全和休息区相同，互为呼应。无论阳光处于哪个方位，都能找到相应的位置沐浴阳光或纳凉，并能360° 欣赏院内景色。想要院落显得明亮宽敞，地面的大理石铺面应尽量和其他建材相匹配。铺装区材料选择以品质精良为上，铺装方式以极简为佳，避免复杂的图案。

低维护的多年生植物

院落靠墙的种植床无论是向阳还是半遮阴，都可以用来种植小灌木和多年生植物。线条硬朗的种植床侧面可利用植物的嫩长枝条或悬垂植物溢出边框进行柔化。比如部分低矮的月季品种或长势缓慢的栒子属植物，其垂下的枝条在风中轻轻摇摆，动感十足。内院墙上铺满盛开的攀缘月季，宛若一幅巨幅的立体画。花园中心大树下方的种植区内选择了生命旺盛的多年生植物，如老鹳草、厚叶岩白菜、萱草和低矮的风铃草等，都可有效地将维护工作量降至最低。

一览表

◎花园面积：$6m \times 6m=36m^2$

◎主要建筑元素：大理石铺面，花园四周高架种植床，休息区座椅，花园中央高架种植床和四周座椅。

◎维护：种植区维护（施肥、除草、修剪枯枝等）。

6
9
8
13
14
7
10
9
5
6
11
13
12
11

建筑元素

① 四周环绕座椅的高架种植床
② 高架种植床
③ 院墙
④ 院角休息区

植物清单

⑤ 滨菊‘银公主’、杂交天竺葵‘河滨’、巴夏风铃草
⑥ 杂交天竺葵‘河滨’
⑦ 岩白菜‘秋花’
⑧ 林荫鼠尾草
⑨ 金雀花
⑩ 溲疏‘粉白’
⑪ 乔木绣球‘安娜贝尔’
⑫ 地被月季‘粉天鹅’
⑬ 藤本月季‘拉维尼亚’
⑭ 樱桃‘尖塔’

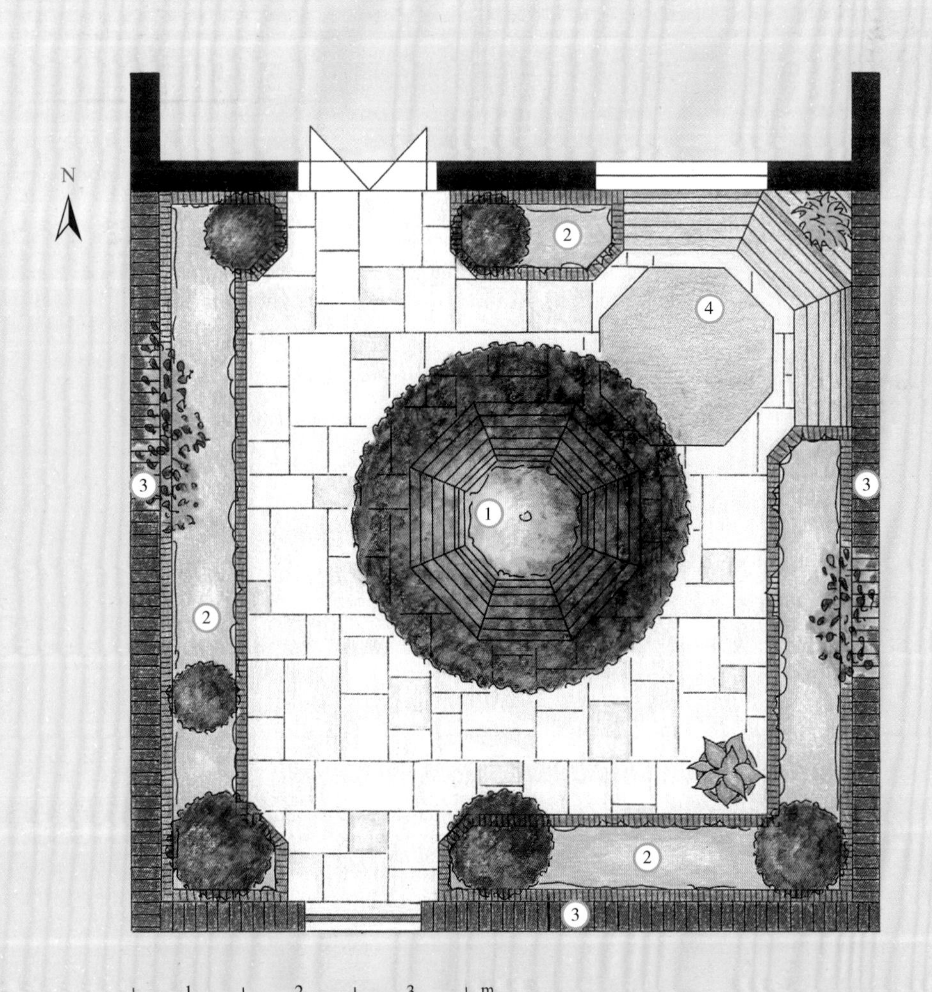

图书在版编目（CIP）数据

小花园设计 /（德）海格·格奥普（Helga Gropper）
著；杨书宏译．-- 武汉：湖北科学技术出版社，2024. 10.
ISBN 978-7-5706-3442-2
Ⅰ．TU986.2
中国国家版本馆 CIP 数据核字第 20242JY679 号

作者简介

在接受多年的宿根植物栽培技术培训后，海格·格奥普在德国及其他国家的多家知名苗圃工作。她还进入魏恩施蒂芬-特里斯多夫应用科技大学学习并获得景观建筑学学位，之后在多个景观设计公司工作数年，成为一名独立的花园设计师及作家。

小花园设计
XIAOHUAYUAN SHEJI

责任编辑：胡　婷
责任校对：童桂清　　　封面设计：曾雅明

出版发行：湖北科学技术出版社
地　　址：武汉市雄楚大街 268 号（湖北出版文化城 B 座 13—14 层）
电　　话：027-87679468　　　邮　　编：430070

印　　刷：武汉市华康印务有限责任公司　　　邮　　编：430021

787×1092　1/16　　　7 印张　120 千字
2024 年 10 月第 1 版　　　2024 年 10 月第 1 次印刷
定　　价：68.00 元

（本书如有印装问题，可找本社市场部更换）